新时代高质量发展绿色城乡建设技术丛书

GREEN ARCHITECTURE
DESIGN GUIDELINES

CHINA CONSTRUCTION
TECHNOLOGY CONSULTING

绿色建筑
设计导则

结构 / 机电 /

景观专业

中国建设科技集团 编著

任庆英 赵 锂 潘云钢 陈 琪 史丽秀 王 载
朱跃云 胡建丽 张 青 张月珍 颜玉璞

主编

中国建筑工业出版社

新时代高质量发展绿色城乡建设技术丛书

中国建设科技集团 编著

丛书编委会

修 龙｜文 兵｜孙 英｜吕书正｜于 凯｜汤 宏

徐文龙｜孙铁石｜樊金龙｜宋 源｜赵 旭｜熊衍仁

指导委员会

傅熹年｜李猷嘉｜崔 恺｜吴学敏｜李娥飞｜

赵冠谦｜任庆英｜郁银泉｜李兴钢｜范 重｜张瑞龙

工作委员会

李 宏｜陈志萍｜许佳慧｜杨 超｜韩 瑞

《绿色建筑设计导则 结构／机电／景观专业》

中国建设科技集团 编著

主　　编	任庆英	赵 锂	潘云钢	陈 琪
	史丽秀	王 载	朱跃云	胡建丽
	张 青	张月珍	颜玉璞	
副 主 编	刘 恒	伍止超	刘 盈	徐 风
指导专家	郁银泉	陈 永	刘 鹏	郝 军
参编人员	建　筑：贺 静　魏 辰　孙 楠			
	结　构：王文宇　韩 玲			
	给排水：洪 伟　王 岩　周克晶			
	张汝波　赵 昕　李晓峰			
	暖　通：王红朝　李天阳　伊文婷			
	张 鹏　吴越超　王陈栋			
	李本强			
	电　气：曹 磊　高丽华　黄凌洁			
	刘志红			
	智能化：白振文　唐 艺　赵雨农			
	景　观：尹 迎　张 琦　张庆国			

序

建筑设计是需要导引的。

以前我们习惯的是上位规划条件的导引。容积率、密度、绿地率、限高等一系列条件引导着设计，不满足这些规划条件就通不过。除此之外，我们还必须服从业主的任务书导引，多大的规模，什么样的功能，市场的卖点，造价的限制，还有业主内心的意愿，不满足就做不成，甚至有被换掉的风险。另外我们还常常碰到政府领导的政绩要求和欣赏趣味的导引，虽然不写在纸上，也似乎不是硬性规定，但还必须认真对待，把准了脉才能顺利过关，否则就碰壁，其他指标条件都满足也没用。可见设计的艰难，也说明认清条件、顺从导引的必要。建筑师们都明白。

这本书是个导则，是要引导建筑师以绿色设计的理念和方法做设计的。从规划布局到单体建筑，从造型到界面处理，从空间节能到技术节能，从设计到实施和运维，每个步骤，每个环节都指明路径，给出方向，讲明道理，提供工具，还有参考案例和学理知识可以学习和借鉴。按此导引一步步推进，应该走不偏，结果肯定绿。即便对绿建知识不甚了解，只要照着做，就像有个老师在旁边陪着，时时指点，苦口婆心，推也会把你推到绿色的路上去。

虽然和前面的规划、任务这些硬条件比，这个绿建导则详细得多，和领导的意图比，它也明确得多。但最大的不同是它并不是强制的，不遵守也大约不会影响审批通过。而反过来说，你即便按此导则认真做，如果不能满足那三套硬条件，也还是通不过。所以这个导则应该是附加在那些硬指标、硬杠杠之后的。当然如果在这部导则的导引下方案的确有特色，有亮点，或许也能得到规划的支持、领导的赞许，也可能为业主创造更高的附加值，在同等条件之上提升了方案的竞争力和通过率，这当然就几全齐美了。但是这种事儿并不多见。

我在这儿如此功利地把这个导则的老底儿亮出来好像有点儿让人泄气，集团领导和那么多专家（包括本人）辛辛苦苦搞出来的导则似乎可有可无，可做可不做，好像不过是锦上添花的一种装饰。但是如果我们的建筑师真这么想就太LOW，太消极了！君不知当今绿色发展不仅是全世界的共识，更是我们国家的战略决策；君不知绿色健康是人民获得幸福感的最重要的要素；君不知绿色创新不仅是学术论坛上讲的大道理，更是许多专家评委在评审竞赛时的重要标尺；君不知绿色设计在职业教育、资质考试、工程评优的行业体系中层层推进，已成为基本的学术语境。如果说你的设计满足了那几套硬条件的导则终于过关是一种被动的、解脱的状态的话，那么主动地学习和践行这个导则就显然呈现出积极的正能量。如果你将绿色设计导则中的理念、方法、技术烂熟于心，化成每一次创作的自觉行动时，你的个人觉悟就与这个时代的脉搏接通了，你的作品的价值就会可持续地、长久地保持下去，因为绿色的建筑是有生命的建筑，它的意义在于让身在其中的人们的生活充满阳光、映满绿色。

虽然绿色建筑设计的首要责任是建筑师，但显然只有建筑师的努力是远远不够的，需要各专业的共识合作。比如结构的轻量化和耐久性，还有基础工程的处理措施都与节材、长寿命以及自然场地环境的保护是分不开的。比如机电专业选用适宜的设备系统和控制技术也是节能的关键所在，事实上以往绿建设计中设备工程师就是主力军，只不过在建筑师的铺张设计中，那些努力显然很难实现应有效果。还要嘱咐室内设计师几句，因为你的美化空间环境的手段就是以装饰为主，装饰得越华丽，与绿色节俭的理念差距就越远，所以如何下手轻一点，引导一种朴素、真实又优雅的空间氛围是努力的方向。景观设计似乎是职业性的绿色环境的营造者，但如果认识有偏差，也会走向浮夸的应景式的设计，造成水土不服、耗水费钱、难以维护的结果。因此，导则中都有相应的技术要点指明设计的方向，各个专业通力合作才能成就真正的、全面的绿色建筑的解决方案。

这本引导绿色设计的导则像一棵小树，也是需要生长和养育的。每一位读者的每一次学习和践行就像是对它的一次浇灌，每一条建议和补充就像是一次施肥。在大家的共同培育下，这部导则将会不断完善和成熟，在推动绿色建筑发展中发挥它应有的作用。想象未来所有的人都能享受绿色生活，当所有的建筑都成为绿色生态友好型的空间和场所，当人类和自然共建的生态达到了最终的平衡和可续发展，也就不需要这部导则的导引了，也就没有所谓的绿色建筑了，因为已经都绿了。但是，当下我们还有很远的路要走……

向所有为推动绿色建筑发展而辛勤付出的人们致敬！

崔愷

2020年11月11日

前言

　　本书为绿色建筑设计导则—结构/机电/景观专业专篇。虽是专篇，但还是以绿色建筑设计的基本理论及设计体系与时序作为开篇，这正是本书的特点，从始至终贯穿了绿色建筑设计的精髓。

　　绿色建筑设计对结构、机电和景观等专业而言，不同的设计者有不同的理解，从而形成了不同的设计方法。综合起来可分为两类：一类着眼于材料和设备的选择以满足绿色标准的相应指标；而另一类则同时关注建筑可持续性能的提高和使用寿命的延长。我们经过多年的绿色建筑设计实践，认为后者才是真正符合绿色建筑设计需求所导引的方向。

　　绿色建筑设计的初级阶段往往是各专业设计完成后开始按绿色建筑标准打分，如果低于设定的标准则由各专业调整材料和设备选型，以满足政府及业主所提出的绿色标准要求，这是个被动的过程，也往往会得到被动的结果。大家都知道，绿色建筑的评价指标是指在建筑的全生命周期内的绿色性能指标，因此提高建筑可持续性的正常使用寿命，无疑是提高建筑绿色标准的重要因素。如何提高建筑的生命周期呢？这正是本导则对建筑师、工程师最具方向性的指引，即从建筑方案创作开始就建立较完整的绿色设计规划，从而带领各相关专业工程师做好与之相宜的整体策划，并在设计全过程中得以实现，这样完成的设计才可能成为真正的绿色建筑。

　　没有绿色规划设计的建筑最多只是建筑着上绿色的外衣，而由建筑师主导进行绿色规划设计并由各专业一直贯彻始终的建筑才真正赋予了绿色建筑的生命。

任庆英

2021年1月20日

导则使用指南
Guideline Instructions

1 《绿色建筑设计导则》是从理念价值观入手到具体的方法策略的应用体系，它既是绿色理念的重新整合梳理，也是绿色策略与方法的集成手册。在具体的建筑设计中，不同专业设计师在总体方向和设计系统的指引下，需根据不同前置条件选择不同的方法加以组合。

2 对于绿色建筑设计的深入理解请先阅读 [T1-T3] 部分，便于系统化地认知绿色建筑设计的价值观体系与设计的出发点，对绿色建筑设计的核心有总体的认识。其中 T1 是阐明新时代高质量绿色建筑设计的三方面核心价值要点，T2 是解析五大设计原则（五化）的概念与基本内涵，T3 则是介绍正向绿色建筑设计需要具备的重要思维方式。

3 为对整个绿色设计的过程与流程进一步明晰，可查阅 [P] 部分，了解正向绿色设计的体系搭建、方法主线、过程多元评估的概念，把握设计过程中的主要时序和重要节点。

4 [A, S, W, H, E, L, I] 几个部分分别针对的是不同专业设计师选用的方法策略，既可以作为设计思路的展开框架，也可以作为方法的数据库资源进行查询。这部分内容按照设计要素进行排列，并按设计的正向时序从宏观到微观逐渐展开，每一要素的方法策略按时间阶段在条款后标明，可在不同阶段反复查询。各专业的相同方面都会各自展开，但会在不同角度进行描述。导则是可生长的检索体系，这里的方法策略并不包含所有可能性，设计师可根据自身需要不断补充。建筑专业需整合各专业团队，统筹前期各专业研究内容，作为设计创作的重要依据。

5 附录部分集成了可独立的内容体系，此部分请设计师务必重视。不同气候区的信息是绿色设计的起点，工具应用是定性验证的重要手段，而实际项目的示范和评估权重可更好地指导设计师在设计工作中明确方向、找到目标。

6 设计导则是设计师实践的指导手册，这里体现实践应用型的理论架构。对各个方法点，导则不引用科研阶段不完善的类型方法，也不做科普和深入的展开，如需深入了解请各自再查阅相关资料。

A

7 A [Architecture] 部分是建筑专业部分，包括本专业不同阶段绿色建筑设计的方法策略。建筑师需根据不同的前置条件，在总体逻辑下选取最适宜的方法加以组合。建筑专业作为牵头专业，建筑师也起到对其他各专业与系统的整合作用，与各专业协商共同确认相关设计内容。

A1 场地研究是针对场地内外前置条件的研究，也是从根源上找到绿色解决方案和设计创新的重要前提，务必请设计师加以重视。

A2 总体布局是在宏观策略指导下的规划方式，也是最大化节约资源的重要方面，绿色方法的贡献率往往远大于一般的局部策略。

A3 形态生成是需要重新审视建筑对形式的定义，以环境和自然为出发点实现形态的有机生成，避免简单的形式化与装饰化。

A4 空间节能也是绿色节能具有突破意义的理念内容，重新梳理用能标准、用能时间与用能空间，以空间作为能耗的基本来源进行调控，这是绿色节能决定性的因素。

A5 功能行为以人的绿色行为为切入点创造人性化的自然场所，既有绿色健康与长寿化使用等新理念的扩展，也包含了室内环境的物理要素的测量和人性设施的布置等技术要素。

A6 围护界面是绿色科技主要的体现，是设计深入过程的重要内容，也是优质绿色产品出现和技术进步的直接反映，与建筑的品质和性能直接相关。

A7 构造材料为绿色设计提供了多样的可能性，既需要总量与原则性的控制，也有细部节点的设计，围绕减少环境负担和材料可再生利用来展开。

S

8 S [Structure] 部分是结构专业部分，包括工程选址、材料选择、结构寿命和结构选型方面的绿色设计策略及方法。设计师可以根据不同的设计条件因地制宜，予以选择。

S1 工程选址包括地震带区域选址和地质危险区域选址，应予以高度重视。

S2 材料选择基于优选角度提出降低碳排放的措施。

S3 结构寿命从设计标准方面对全生命周期碳排放的影响提出建议。

S4 结构选型给出了不同的设计条件下如何因地制宜进行结构体系选择、布置的策略。

W

9 W [Water] 部分是给水排水专业部分，包括本专业不同阶段绿色设计的方法策略，主要从能源高效合理利用、建筑节水、非传统水源利用、建筑环境和空间的集约利用方面对绿色建筑给水排水设计提出要求。

注：A 部分见本套丛书《绿色建筑设计导则 建筑专业》一书。

W1 能源利用是针对不同条件下的热水系统能源选择，解决了如何高效、合理利用能源的问题。

W2 节水系统构建是建筑节水系统的重要内容，主要是解决建筑供水系统如何在满足使用的前提下，尽量做到减少水资源浪费，节约用水。

W3 节水设备和器具是所有用水点节水控制的关键点，对于建筑节水具有重大意义。

W4 非传统水源利用是建筑节水"开源节流"的重要措施，也是提高水资源综合利用率的重要手段。

W5 室内环境与空间从室内噪声控制、异味控制和建筑空间集约利用方面提出针对建筑给水排水的设计策略，以满足建筑室内环境与空间的健康舒适和宜居的目标。

H

10 H [HVAC] 部分是暖通专业设计，秉持节能性和舒适性相结合、能源利用和环境保护相结合的原则，依照标准规范、科研文献和工程经验总结，从人工环境、系统设施、能源利用、气流组织、设备用房、控制策略几个方面对绿色建筑暖通技术进行阐述。

H1 人工环境中，室内温度、湿度及空气质量标准是构建绿色建筑、健康建筑不可或缺的组成部分，也是系统设置的先决条件。此部分对不同功能空间室内环境标准给出了参数优先级建议，并提供了多种室内空气质量控制手段。

H2 系统设施包括暖通系统的冷热源、输配系统及末端设备，是构成建筑用能的重要组成部分，同时也是营造室内环境的最直接环节。本章节提供了优化输配系统、提升设备能效、采用能量回收技术等降低系统能耗的有效方式，保障室内环境。

H3 能源利用过程中，介绍了合理选择配置不同类型能源的方式，综合评价了区域或自建能源系统、可再生能源、蓄能系统、分布式能源等不同类型的适应性。

H4 气流组织合理，可以使室内工作区温湿度和洁净度更好地满足工艺要求与舒适性要求。本章节详细介绍了空调送风方式与气流组织形式间的关系。

H5 设备用房是服务于建筑功能必要的辅助空间，设计时应在保障使用功能合理的前提下降低对建筑造型和主要功能区域的影响。

H6 控制策略包括对能源系统、输配系统及末端设备的自动控制方式的选用，是保障项目稳定、节能运行的必要且行之有效的手段。

E

11 E [Electrical] 部分是电气专业部分，构建合理配电网络，充分利用清洁能源，集约利用建筑空间，注重自动化运维，节约能源、降低能耗，减少环境污染，营造舒适照明环境，是电气设计师需要重点关注考虑的设计要点。

E1 空间利用主要考虑电气主要机房的位置选择、面积控制、设备维护及对周边环境的影响因素，从建筑可持续性考虑，在满足使用功能的基础上实现总体指标最优化。

E2 能效控制是考虑在提高机电设备自身效率的前提下，重点关注系统的运行能效，控制能量损耗，净化电网质量，搭建合理的配电系统，了解能耗分布，做到安全高效用电。

E3 照明环境主要从光源、灯具的合理选择与优化照明布置控制方式来分析总结，创造舒适健康环境，形成节能环保的工作生活习惯。

E4 清洁能源主要对其适用性进行分析，根据地域基础设施发展水平与当地太阳能资源、风力资源状况，合理优化可再生能源的利用率。

E5 节能产品主要介绍新型材料和新型设备，将新型材料和新型设备与传统材料和传统设备进行分析对比，使设计人员了解绿色、环保、低碳的节能性产品的适用场合，从而有选择性地在项目中加以应用。

L

12 L [Landscape] 部分是景观专业部分，包括本专业不同阶段绿色设计的方法策略，景观设计师需根据不同的前置条件，在总体逻辑下选取最适宜的方法加以组合。

L1 景观布局是针对地域气候、场地现状等前置条件的研究，从尊重自然本身出发，寻找适应当地地域气候，并与自然和谐统一的景观布局方式。

L2 景观空间是从景观实际的空间功能出发，区别对待公共、私密等不同空间对于人性化设计的不同要求，在满足功能的基础上，减少不利因素，提升户外环境舒适度。

L3 景观材料是从绿色低碳环保的角度出发，重新审视景观植物材料与景观硬质材料的选取原则，有利于景观建设的可持续性与节能降耗。

L4 景观技术是从具体可实践的绿色技术角度出发，探寻有效增加绿量的立体绿化技术与低影响开发的绿色海绵技术的运用方式与方法。

I

13 I [Intelligent] 部分是智能化专业部分，包含本专业不同系统板块绿色设计的方法内容，设计师需根据不同前置条件，在系统总体框架下选取最适宜的方法加以组合。同时，智能化专业与机电专业交叉联系，因此也需要对机电专业控制要求加以理解。

I1 优化控制策略是直接影响绿色建筑能源使用的一个重要环节，也是机电专业在绿色建筑节能应用中的集中控制与实现，对于控制要求的理解和策略显得尤为重要。

I2 提升管理效率主要考虑通过设置智能化集成平台，实现对建筑内各种信息整合、分析、决策及调度等功能，提升运维管理效率。

I3 节约材料使用主要针对绿色建筑各智能化子系统的中枢神经——信息设施系统进行优

化，通过对网络、布线系统进行整体规划、统筹考虑，从而减少材料的使用。

I4 集约空间是尽量紧凑弱电机房竖井管线占用的空间。保障信息数据的运行环境可靠、稳定的前提下，合理布局、精心组合，节约空间。

附录

14 此部分是本书的附录，集成了重要的、可独立成篇的绿色内容，是展开绿色设计时的主要参考资料，务必加以重视。

附录 1 是国内各气候区可利用的资源的列举，以及传统建筑地域性的策略纲要。是根据地域情况选择绿色设计策略的基础，需要同步深入了解。

附录 2 是绿色设计的应用工具部分。包含能源综合利用模拟与 BIM 技术的管理与应用两部分内容。是对建筑室内外风、光、热、声、空气品质以及能源组成等各方面性能的数据验证，BIM 技术能够辅助绿色设计进行指标提取、节能计算、算量统计、模拟仿真等定量呈现。

附录 3 是五化平衡及绿色效果自评估准则，是对绿色设计的优劣权重进行评估核定，引导设计师明晰绿色效能的重要程度，最后以雷达图的方式形象地反映出设计的优劣。

附录 4 是全专业绿色方法条目的索引，可以帮助设计师更快地检索到需要的方法条目，并同时有效了解其他专业的内容，便于建筑师集约统筹。

目录

Theory

T

T 1 － T 3

基本理论

序
前言
导则使用指南

Process

P

P 1 － P 2

体系与时序

Structure

S

S 1 － S 4

结构专业

Water

W

W 1 – W 5

给水排水专业

HVAC

H

H 1 – H 6

暖通专业

Electrical

E

E1 - E5

电气专业

Landscape

L

L1 - L4

景观专业

Intelligent

I

I1 - I4

智能化专业

Appendix

附录

项目 国家体育场鸟巢   摄影 张广渡

T1 - T3

基本理论

THEORY

绿色建筑设计
面对的问题

以回归自然、绿色生态的理念来看，我们还有许多大事应该办还没有办，甚至还没有意识去办。

比如我们是否应该在城市发展规划之前先有一个生态环境规划，目的是保护我们城市生存的生态安全底线不能突破，这个规划的级别应该大大高于城市规划，立法后，不容更改，不容侵犯！

比如人们的一系列用地规划和建设指标是否应该重新审视，以节约土地、提高效率、缩短距离、控制交通量，以及保持城市的宜人尺度和环境为目的，根本转变以发展经济、经营土地为目的的急功近利的消费主义规划倾向。

比如我们对城市的现有建筑资源应该充分利用，延长寿命，而不是仅仅保护那些文物建筑，应最大限度地减少建筑垃圾的排放，并为此大幅提高排放成本，鼓励循环利用，同时降低旧建筑结构升级加固的成本，让旧建筑的利用在经济上能平衡甚至合算或者有利可图。

比如是否应该重新回到合理的建筑成本控制，以全寿命周期来考量经济的合理性，尽早杜绝最低价中标的自欺欺人的愚蠢政策，以为子孙后代负责的态度看待今天的建筑价值。

比如是否应该从生产建材的起始端去严格控制污染源，而不是从末端告诉使用者本不该费心的防范技巧。

比如是否应该修订一些会造成浪费的施工验收规范，让土建和装修顺序衔接，而不是先拆后改，产生大量本可以避免的建筑垃圾。

比如对建筑立项严格审查规模和标准以及造价控制，并以此为依据选择实施方案，而不是相反，先定方案再压投资或者成为"钓鱼"工程，

使建筑的质量难以保证，更会影响绿色新技术、新理念的实现。

比如应该重新审视我国建筑行业的体制，把责、权、利更合理地回到设计师手中，让内行真正地主导设计，控制质量，对建筑的可续性负起全责。

当今节能环保已经不是泛泛的口号，已经成为国家的战略、行业的准则。

但不得不说的是有不少人一谈节能就以为要依赖于新技术、新设备、新材料的堆砌和炫耀；而不少人一面拆旧建新，追求大而无当，装修奢华的新颖建筑，另一方面套用一点节能技术充充门面；还有不少人更乐于把它看成拉动经济产业发展的机会，而对生产所谓节能材料所耗费的能源以及对环境的负面影响不管不顾；也有不少人满足于对标、达标，机械地照搬条文规定，而对现实条件问题缺少更积极应对的态度。

我认为相比之下，更重要的是要树立建设节约型社会的核心价值观，以节俭为设计策略，以常识为设计基点，以适宜技术为设计手段去创作环境友好型的人居环境。

崔愷院士《我的绿色建筑观》专题讲座

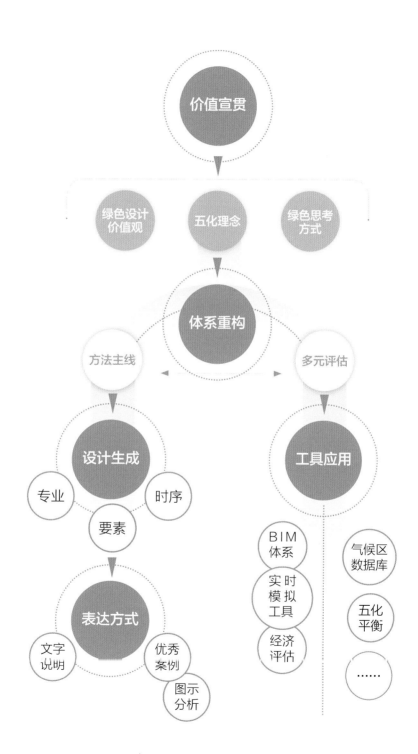

价值宣贯

绿色设计
价值观　　五化理念　　绿色思考
方式

体系重构

方法主线　　　　　　多元评估

设计生成

专业　　　　时序
要素

工具应用

BIM
体系
实时
模拟
工具
经济
评估

气候区
数据库
五化
平衡
……

表达方式

文字
说明　　优秀
案例
图示
分析

绿色建筑设计导则总体思路

T1

如何解读新时代高质量的绿色建筑设计？

新时代高质量的绿色建筑设计最重要的是对绿色价值观的准确理解，从而系统性地探究绿色建筑设计的本质，通过体系的搭建来规避技术和条目的拼凑，用整合式思考方式和设计的正向逻辑来构建绿色建筑的核心要素。

T1-1
遵从以绿色生态为设计的核心价值

建筑设计具有多元化的特性，其价值观体系的依托往往决定了设计发展的方向与结果。绿色建筑设计应该杜绝以纯粹的形式化、个性化等为出发点，而将绿色生态的价值观作为设计实现的核心与输入输出的依据，去创造理性的、地域的、与自然和谐的建筑表达。

T1-2
践行五大维度的设计原则（五化）

遵循以下五个不同维度上的设计原则，并以此为共识展开建筑设计，包括生态环境融入与本土设计（本土化）、绿色行为方式与人性使用（人性化）、绿色低碳循环与全生命期（低碳化）、建造方式革新与长寿利用（长寿化）、智慧体系搭建与科技应用（智慧化），其中：

本土化是设计展开的基础，要赋予建筑天然的绿色基因，体现地域气候和文化的特征；

人性化是设计总体的态度，更加注重真正从人的需要出发，创造健康、舒适、自然、和谐的室内外建筑环境，使人有更多的获得感；

智慧化是管理的有效手段，以信息技术为支撑，提升建筑功能和服务水平，为使用者的工作、生活提供便利；

长寿化是重要的发展方式，更加注重延长建筑寿命与可变的适应性，有效延长资源利用时间，提高资源利用率；

低碳化是最终建设的目标，要更加注重发挥全行业的集成创新作用，降低建筑全生命期的资源环境负荷。

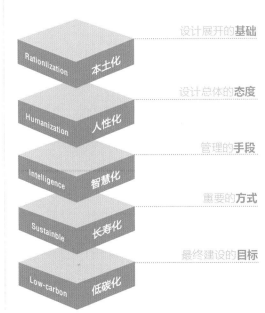

T1-3
坚持从建筑设计本体出发、以正向设计逻辑展开整合设计，统筹多维度要素

绿色设计不是绿色技术拼凑的设计，也不是参考打分条目罗列出来的设计。绿色建筑设计依然是遵行建筑设计的深层逻辑，通过挖掘绿色基因展开设计，在设计深入的不同阶段不断融合绿色策略，通过整体平衡的方式选取最适宜的解答，建筑师应发挥其引领作用，与各专业协同推进。

绿色设计是以环境与建筑的共生体为研究对象，从前期规划布局中绿色策略的决定性作用入手，到后续的各专项技术细节的接入，在全生命周期内形成完善的绿色设计系统，杜绝孤立的技术拼贴和片面的要点叠加。

绿色设计是以总体平衡为目标，从建筑设计的内在本质出发处理地域、环境、空间、功能、界面、技术、流程、造价等一系列问题，以创作为引领，以技术为依托，在平衡中创造最优的建筑与环境的关系，最大限度地利用资源、节约能源、改善环境。

在设计正向推进的主线下，不断地评估修正，进行验证反馈，在整体系统平衡中达到最优效果，并以此为导向评判绿色建筑的方向与优劣。

以正向绿色设计为抓手，统筹多维度要素

T2

绿色设计主要原则：五化理论及其具体阐释

T2-1

生态环境融入与本土设计（本土化）

本土设计的含义包括以下三个方面："一是建筑设计要充分考虑当地的自然环境，包括气候、环境、资源等因素，尽可能地顺应、利用和尊重富有特色的自然因素，创造自然与人工相结合的美好环境；二是建筑设计文化的概念，城市的历史和文化是宝贵的城市财富，是城市的'灵魂'，本土设计应扎根于当地生生不息的文化之中，从中汲取营养，继承历史文脉并创造新的文化；三是建筑设计空间的概念，本土设计要创作出符合当地地域性特点的建筑，让城市重新找回自身的特色，让人们重新找到认同感。[1]"

继承中国传统文化天人合一的思想，强调城市环境发展的一体化与生命力，追求与自然的紧密贴合以及复合化的多样发展，创造因地制宜、有机生长的立体化生态绿色体系。倡导因地制宜、体量适度、少人工、多天然的根植于地域文化的本土绿色设计。主要方向如下：

T2-1-1

响应地域气候条件

我国幅员辽阔，各地气候差异大。按照传统建筑热工学分区，我国可分为严寒地区、寒冷地区、夏热冬冷地区、夏热冬暖地区、温和地区五个不同气候区。建筑设计在应对具体的气候条件时应有不同的应对策略，所关注的主要气候因素有太阳辐射、温湿度、风三个方面。

T2-1-2

融入具体建设环境

相比于气候区尺度、城市尺度，本土化更关注的是具体的建设场地这一尺度。该尺度并不是狭义的建筑红线范围内，而是指涵盖其周边环境的范围，更强调人能感受到的空间范围，"目之所及"的环境。当建设环境本身具有独特的场地特征时，如地处山林、河谷、沙漠、湿地等环

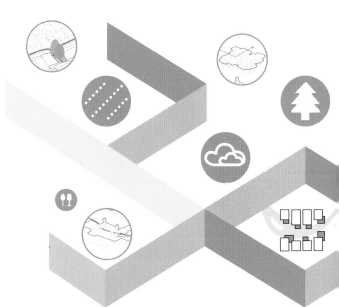

境，保护自然环境、顺应地形地貌、整合场地生态等措施尤为重要。

T2-1-3

尊重当地文化传统

除了向当地特色传统建筑寻求空间和形式上的创作灵感外，也要关注到传统的建造方式、传统的材料，从中选取工艺。这里并不是指片面地拿来，而要结合新时代新建筑的实际需求，结合新的建造材料进行一定的创新，使夯土墙体、屋面挑檐、天井院落等传统建造智慧有所传承。这一条也是最有可能改变我国"千城一面"风貌的方向。

T2-1-4

适合当地经济条件

我国幅员辽阔，经济发展水平不一，盲目地追求高新技术这一路径走不通，尤其在经济欠发达地区，购置昂贵的设备本身就使地方经济负担过重，后期的维护更新更是无从谈起。我们应走

因地制宜、适合地方经济条件的路线。

T2-2

绿色行为方式与人性使用（人性化）

倡导绿色健康的行为模式与空间使用方式，强化以"人"为核心的设计法则，从人的使用、路径、景观、视野、交往空间、风光声热的感官舒适度等各方面进行综合比对，通过形象的实时模拟与生态环境相配合，以数据化的形式反映人在空间中的真实感受。主要方向如下：

T2-2-1

引导健康的行为模式与心理满意度

建筑设计注重从绿色健康的行为模式与空间使用的真实感受出发，从功能布局的合理性、优化人员流线和资源配置等方面，创造健康、舒适、自然、和谐的室内外建筑环境，使人有更多的获得感，如安全感、室外景观、室内空间、文化氛围等。

T2-2-2

改善空间环境质量与体感舒适度

从建筑物理中最常见及重要的风、光、声、热四方面对设计提出指导，提供一个"感官舒适"的空间，提倡在满足环境舒适度的前提下，尽可能降低资源消耗和减少环境污染，追求以人为本的"低能耗舒适"的建筑理念。

T2-2-3

活动路径便捷高效与人性设施使用

将人摆在设计的核心位置，研究人的行为路径、安全可靠性等内容，对人与使用的建筑和空间的交互方式进行创新和改造，设立符合人性化使用的各类设施。

T2-3
绿色低碳循环与全生命期（低碳化）

低碳（low carbon），意指较低（更低）的温室气体（二氧化碳为主）排放。低碳化是指在可持续发展理念指导下，通过技术创新、制度创新、产业转型、新能源开发等多种手段，尽可能地减少能源消耗，减少温室气体排放，达到经济社会发展与生态环境保护双赢的一种发展形态。应用创新技术与创新机制，通过低碳化模式与低碳生活方式，实现社会可持续发展。低碳生活代表着更健康、更自然、更安全、更环保的生活，是低能量、低消耗的生活方式。

低碳化是一种绿色理念，是强调舒适体验、建筑美好的前提下的设计，不以指标数据为唯一标准，而是以适宜的设计手段去影响建筑，达成低碳的绿色设计目标。注重建筑全生命期的绿色，重点关注降低建筑建造、运行、改造、拆解各阶段的资源环境负荷；全面关注节能、节地、节水、节材、节矿和环境保护；同时建立能量循环利用的概念，对光、风、水、绿、土、材形成充分循环利用。在具备条件的项目上鼓励装配式建造、适度的模数化设计与工厂化预制。通过全过程的范畴的管理，从策划到设计，从建造到运营，再到回收的全生命考量实现绿色低碳循环。主要方向如下：

T2-3-1
调控使用需求与用能空间

低碳化倡导建筑的使用者控制使用标准，主动降低建筑用能，实现社会可持续发展的目标。设计师可将相关信息传递给建筑使用者，通过创造低能量、低消耗空间条件的可能性，控制用能时间与空间，引导使用者更合理、健康地使用建筑，共同保护生存环境。

T2-3-2
鼓励可再生能源与资源的循环利用

在设计过程中应最大可能地利用天然气、风能、太阳能、生物质能等可再生能源。通过适宜的新能源应用技术，并考虑其经济可行性，从而优化建筑用能结构，降低建筑采暖、空调、照明以及电梯等设备对常规能源的消耗，达到节能目标；同时建立对水资源的循环利用系统，实现土地的节约，从低碳与可再生利用的角度考量建筑材料的再生应用。

T2-3-3
设计合理的建构方式并减少装饰浪费

以合理精巧的建构方式和建筑结构一体化展开设计建造，减少无功能意义的建筑装饰与装修；采用良好热工性能的外围护结构、建筑物的朝向与阳光相适应、关注开窗方式及构造等，达到节地、节材目标。

T2-3-4

提倡设备系统高效利用

在设备选用过程中，需要选择节能、高效的设备系统，提高能源的使用效率，降低碳排放。此外，设备的运行倡导信息数据和分区控制的手段，减少用能的浪费，达到节水、节能的目标。

T2-4

建造方式革新与长寿利用（长寿化）

长寿化提倡灵活可变和装配化的建造模式，通过建筑长寿化节约资源能源，降低环境负荷。减少建筑的频繁建造、拆除，延长资源的利用时间，可有效减少资源需求总量，降低环境影响。同时对既有建筑通过微介入做到更有效的利用。尽可能延长建筑结构的使用年限：机电、室内分隔空间与结构体系分离。

长寿化，更加注重延长建筑寿命，有效延长资源利用时间，提高资源利用率。以降低资源能源消耗和减轻环境负荷为基本出发点，在建筑规划设计、施工建造、使用维护的各个环节中，提升建筑主体的耐久性、空间与部品的灵活性与适应性，全面实现建筑长寿化。长寿化是基于国际视角的开放建筑（Open Building）理论和SI（Skeleton and Infill）体系，并结合我国建设发展现状提出的面向未来的绿色建筑发展要求，是实现可持续建设的根本途径。

T2-4-1

建立建筑的适应性

利用通用空间的灵活可变提高功能变化的适应性。设计应从建筑全生命周期角度出发，采用大空间结构体系，提高内部空间的灵活性与可变性，主要体现在空间的自由可变和管线设备的可维修更换层面，表现为可进行灵活设计的平面、设备的自由选择、轻质隔墙与家具、设备管线易维护更新等。设置单元模块等充分考虑建筑不同的使用情况，在同一结构体系内可实现多种单元模块组合变换，满足多样化需求。多种平面组合类型，为满足规划设计的多样性和适应性要求提供优化的设计。适应建筑全生命周期的设计，应在主体结构不变的前提下，满足不同使用需求，适应未来空间的改造和功能布局的变化。

可采用SI分离体系将建筑的支撑体和填充体、管线完全分离，提高建筑使用寿命的同时，既降低了维护管理费用，也控制了资源的消耗。

T2-4-2

提升建筑的耐久性

延长主体结构使用寿命和减隔震的应用，延长部品部件的耐久年限和使用寿命；提高主体结构的耐久性能；最大限度地减少结构所占空间，使填充体部分的使用空间得以释放。同时，预留单独的配管配线空间，不把各类管线埋入主体结构，以便检查、更换和增加新设备时不会伤及结构主体。外围护系统选择耐久性高的外围护部品，并应根据不同地区的气候条件选择节能措施。在全面提高建筑外围护性能的同时，注重其部品集成技术的耐久性。

T2-4-3

提升建筑的集成化

可采用标准化设计、工厂化生产、装配化施工、一体化装修和信息化管理等实现建筑的高集成度，实现空间与构件的单元性，便于在时间维度和不同阶段实现有效的控制与更换，避免大拆大改。

T2-5

智慧体系搭建与科技应用（智慧化）

以互联网、物联网、云计算、大数据、人工智能等信息技术作为绿色全周期的有力支撑，建立基于BIM的建筑运营维护管理系统平台，提高建筑智能化、精细化管理水平，更好地满足使用者对便利性的需求，为提升居住生活品质提供支撑。搭建前期智能化设计方案的合理性模型，评估绿色能源系统的耗热量、碳排放指标、室内空气质量污染指数等的计量和公示方案。

T2-5-1

搭建完整智慧化体系架构

完整的智慧化架构包括感、传、存、析、用五个方面，分为底层智慧共享体系和上层智慧应用体系两层。统一的建设标准、兼容的通信协议、完整的网络建设都是完整智慧化体系不可或缺的一部分。搭建完整的体系构架才能充分发挥智慧化体系的功能，才能保证数据的互联互通；让上层智慧应用体系中的各个应用高效地发挥作用，就是一种高效的节能环保。

T2-5-2

建设强大智慧化分析"头脑"

智慧化体系需要强大的智慧化"头脑"，所谓"头脑"需要包括软硬件两方面。硬件方面需要建设一个强大的数据处理和应急指挥中心；软件方面则可以结合BIM、GIS、大数据、云存储等各类新兴技术来实现智慧建筑所需要的强大功能，制定各类管理和运维策略，以协调建筑内各个系统，实现节能环保的目标。

T2-5-3

合理选择智慧化应用

不同建筑有其特定的功能，建设方大多也希望建设具有特色的建筑。众多的智慧化应用中，需要挑选出符合建筑使用和绿色调控的去使用。大型医院可使用排队叫号、智慧呼叫、远程探视、智慧处方等功能；办公建筑可使用云办公、远程视频会议、智能照明等功能；商业建筑可使用生物识别支付、人流量统计及引导等功能……合理准确的信息传递，是节能环保的重要手段，是各个建筑以及建筑子系统高效运行的基础。合理使用的智慧化应用，不仅能让建筑更加智慧环保，还能大幅提高用户的幸福感。

T2-5-4

利用绿色性能化模拟和BIM进行反馈与管控

利用智能模拟工具进行建筑模拟分析、实时反馈，如室外风环境、室内热湿、气流组织、通风、建筑空调、照明能耗、室外日照和建筑室内光环境、室内外噪声等模拟分析；保障绿色设计实施过程的科学性与准确性，建设基于BIM技术的全生命周期管理平台与设计实施系统。

T3

绿色设计重要
思维方式

绿色价值观　　多元平衡　　地域文化
发展观 人本观　　　　　　创 反 适
环境观 科技观　　　　　　造 映 应
　　　　　　　vs vs vs　　多 地 当
从空间到措施　　　　　　　样 域 地
　　　系统性多维度整合　　风 面 气
　　　一体化解决方案　　　貌 貌 候
　　　　全生命周期　　　　　　vs
　　　传统智慧　　被动优先主动优化
　　　科技创新
　　　减少用能
　　　延长寿命

T3-1
如何看待绿色以及绿色设计？

　　绿色与绿色设计既是一个大范畴的系统，也是不同维度内容的组合，这种多维复合的特性也决定了绿色设计的复杂性，比如既有不同气候区的限制、不同专业的要求、不同设计要素的考量，又有经济条件与环境的不同，等等，是不同层次的叠加。在实际的设计中很容易被碎片化，以至于和设计的进程难以同步。以正确的绿色价值观引导，围绕设计这条顺序主线延续，统筹各个方面，是设计师进行绿色设计的重要思路。

　　绿色设计也不简单等同于绿色建筑评价体系，无论是规划还是建筑单体的实现都需要建筑规划师的组织与整合、专业工程师与技术咨询师的完善与配合，通过绿色价值观的引入看到绿色设计的实质，同时引导我们对建筑设计和规划的理念实施。

　　审视绿色的价值观：

　　绿色是一种思维，是对发展深层次的理解，是最大化的价值创造。深度发掘一切可能的价值要素，从前期策划与业态研究入手，提炼场地与既有环境的利用价值、天然生态引入的价值、商业利益模式的最大价值、结构体系的最优化价值、可循环再生的社会价值等，通过设计梳理到运营的统计反馈，用最优成本创造最大化的社会价值，体现对社会资源的充分利用。

绿色代表着生命，强调建筑和环境的关系，建筑如生物一般有其成长的骨骼和生态的脉络，其源于自然的延展，又融入城市的肌理，绿色的网络引导着一切资源的展开，如土地、水、光热、生物、人工建设等。在水平中伸展，在垂直向生长，人的需求于绿色中复合化展开，能量在循环中不断再生。绿色设计应继承中国传统文化天人合一的思想，强调城市环境发展的一体化与生命力，追求与自然的紧密贴合，以及复合化的多样发展，创造因地制宜、有机生长的立体化生态绿色体系；源于城市，融入环境，师法自然，再现传统地域文化的意境。

绿色体现着关怀，是对人性化的深入理解，给予使用者更舒适的感受和多样化的体验。设计师要更多地关注人的生活与行为，去感悟生活中的点点滴滴。从使用、路径、景观、视野、交往、感官舒适度等方面去引导自然健康的生活方式。

绿色是科技与智慧的结合，是利用现代信息化手段对低碳可再生理念的深度发掘与创造。设计师要努力去创新环保低碳的材料，建构高效生态的建造方式，同时利用绿色模拟技术、BIM技术等实现信息和科技成果的实时再现，并在运营中有效检验建筑节能环保的真实效果，最终形成智慧生态城市系统的有机组成部分。

T3-2
坚持从整体到局部、从空间到措施的设计时序

绿色设计是系统性设计，包含了建筑及其所在区域环境的互动关系，也反映了全生命时间维度的影响因素，同时是多专业、多维度的叠合。从设计的正向推进中，应优先考虑整体性与系统性策略，力求从项目前期定位开始统筹，最大化

绿色价值，整体解决方案效果也往往大于局部的应用。设计从场地与环境入手，到空间、功能、形态，再到技术、设施、构造、材料等等，由宏观到微观逐渐展开，优先考量整体性要素。当面对多种参与的要素，整合一体化的解决方案也优于不同方面的拼贴组合。

空间设计和需求的调控是重要的切入点，空间的布局、规模、尺度、可变性、集约型、与环境的关系、用能的方式等，都是决定性的要素，也是创作的源泉。其产生的节约效果远大于局部技术措施的应用，所以绿色设计的重要思路是以空间为先导进行的节能设计，再到技术措施的提升与优化。

T3-3
由地域条件入手，从被动优先到主动优化的绿色方法

围绕现有气候、资源、能源，顺应条件的被动引导是绿色设计的出发点，如对自然中风、光、热的最大化利用，对周边地形地貌、环境资源的利用等。在此基础上，主动平衡使用需求与能源资源的关系，在提升舒适度和高品质的同时，应尽可能消解其所带来的能源消耗和资源浪费，并利用技术手段进行局部优化。运营阶段的使用和调试也需主动应对，来保持设计内容的有效落实。

T3-4
从多元平衡的角度推进绿色设计

在设计的整个过程中，需要面对多样的问题，并在不同层面提出不同的解决方案，有些解决方案是可以同步展开的，有些则是此消彼长的。例如我们在不断提升舒适度的过程中会带来能耗的增加与资源的消耗，反之亦然；在面对自然环境最大化和人工介入程度时，在设计品质、

造价与周期之间等都需要做出平衡，无法面面俱到；我们为降低能耗而额外地增加新型设备工具本身又是新的能耗的源头。如同自然界的生物生态系统，是在矛盾、制约与共生中找到平衡点，能量在循环中不断发展。

所以在设计参与前期要对整体系统做出判断，在不同的方面做出综合平衡；建筑师更应该在各方技术方案的基础上综合统筹，进行价值的最大化挖掘，做出系统的解决方案。在设计深入的过程中，各专业全面参与，不断地平衡与评估，实现环境与系统的整合设计，以破坏性最小且有利的方式利用资源。

T3-5
以全生命周期作为考量范畴挖掘绿色创作的可能性

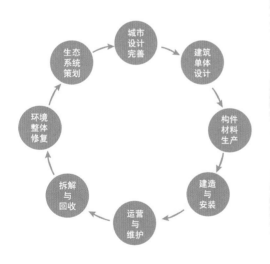

绿色建筑设计是一个贯穿全过程的全生命周期的设计系统，可以说从开始的整个区域的生态策划到城市系统设计的完善，到单体设计深入，构件材料采集、生产以及单体建造，再到运营维护、重复使用，乃至整体生态修复的平衡与环境整合，这样一个全生命周期的流转之后，整个绿色设计才算真正完成。要考虑整个能量和物质的循环平衡，在各方面做到资源的整体均衡和生态循环体系，体现动态的生长。

以全生命周期为考量范畴，可以更深刻地体现本土化的环境整合、人性化的多样性、长寿因子的应用、低碳手段的拓展，并可以利用智慧化手段加以调控，在绿色设计的过程中提供给设计师更多的可能性与拓展空间，废弃物与生产物、建造与拆解可以自由转化，在时间周期再生往复。

鼓励绿色设计项目以设计师主导的全过程咨询为推进方式，在前期策划、可研、设计、建造管理、运维、更新利用等过程贯彻统一的绿色设计理念，在项目伊始搭建出有效的管控手段和方式，从而保障绿色设计高质量、高品质且经济有效地落地实施。

T3-6
贯彻始终的经济性原则

经济性是绿色设计的重要原则，应在全生命周期综合考量；经济性也是决定绿色设计策略的重要依据，无论是低成本利用还是高技术建造，绿色建筑设计往往是在资金调控下寻求最优解答的重要方式。需要说明的是，绿色设计也不一定就是高投资的建筑，本地化的资源利用与更合理的设计在某种程度上也是资金的节约，如场地使用、本地能源与资源、结构优化、机电整合、旧材料利用等都会带来新的机会。

另外，高质量高标准的建造、能源利用设施的选择、环境的提升、智慧系统的管控等也需要前期的一些资金投入，前期的增量投资与后期的运营收益往往需要总体核算、综合平衡。

经济性要求应在全周期的各个阶段进行评估，尤其与经济有关的立项、可研、估算、概算、预算、工程量清单等更需要植入绿色部分的相关内容。

T3-7

创造有地域文化精神的绿色美学，破解千城一面的难题

　　绿色设计往往是在特定环境下最为适宜当地的建筑，建筑形态充分反映其本真性、地域性、生态性、一体化等，形态本身就是其环境和使用的反映，一种建筑和环境的充分融合。

　　中国的传统地域文化恰恰是与自然共生的最佳典范，室外与半室外空间的利用也大大地降低能耗，建筑形式语言宜从这种融合中发现建筑的内在美，鼓励在此价值基础上创造出富有地域绿色特点的美的表达。

　　现代城市建筑受现代主义影响形成千城一面的现状，因地制宜的绿色美学恰恰成为破解这一难题的有效办法。让不同地区的建筑自然而然地适应当地的气候，反映地域的面貌，创造多样的城市风貌。

注释
［1］崔愷. 本土设计［M］. 北京：清华大学出版社，2008.

"少用能"

压缩用能空间
缩短用能时间
区分用能标准

"少用材"

适用的空间规模
合理精巧的建构设计
尽量不用无功能的装饰材料
少用不可再生的天然材料

"多开敞"

多做开敞空间
将开敞空间与适用功能相结合
多为室内空间、地下空间提供
自然采光、通风条件

"多集约"

变单功能为多功能，提高使用效率
变分散为集约，提高用能效率

从主动优先到
被动优先主动优化

● 主动式促进科技创新，带动了新设备新
材料的发展，无疑也从某些方面产生了用能
设备的节能效果。

● 以往被动房貌似不用能，但大量保温隔热
材料的生产也会耗能耗材，还有材料寿命的
制约。

● 传统被动式节能或无能建筑的智慧很有效，
但是也以生活方式和水平的局限为代价，完
全照搬并不符合今日人居环境的需求。

● 基于地域气候适应性的绿色建筑设计是在
吸收传统智慧的基础上，以提升健康生活水
平为导向，以被动式空间节能为手段，以主
动式科技进步为支撑，以可持续发展为目标
的系统创新。

被动节能
建筑设计能
做什么?

选址用地要环保:
保山、保水、保树、保景观

创造积极的不用能空间:
开放、遮雨遮阳、适宜搞活动
适宜经常性使用

减少辐射热:
遮阳、绿植、天光控制、屋顶通风

延长不用能的过渡期:
通风、拔风、导风、滤风

减少人工照明:
自然采光、分区用光、适宜标准、
功能照明与艺术照明相结合

节约材料:
讲求结构美、自然美、设施美，大
幅度减少装修室内外界面功能化、
地方性材料，可循环利用

被动式绿色建筑
设计要点

节地——紧凑布局，保护地形地貌
融绿——保护自然林木，融入景观
架空——营造灰空间，使建筑更开放，增
　　　　加无能耗空间
遮阳——对立面、屋顶界面的减日照处理
通风——不仅是窗的开启，还有空间气
　　　　流的组织意识
采光——直接、间接、反射的引光手段
绿顶——绿化、水体与屋顶隔热及上人活
　　　　动相结合
保温——墙、顶界面材料构造的设计
节材——少用材料，用耐久材料，用可再
　　　　生和易降解材料
节能——减少用能时间，调整用能量的空
　　　　间设计策略
健身——为使用者提供适宜健身活动的室
　　　　内外场所

——《绿色建筑设计的思考与实践》
崔愷院士

项目 苏州火车站　　摄影 张广源

P1 — P2

体系与时序

PROCESS

P1

正向设计思路
与体系重构

国内外的绿色体系多为在不同方向的要点和评分系统，往往和设计的思路是不一致的，所以也难以有效地指导设计师的设计实践。这里梳理出的设计思路是按照设计的正向逻辑进行展开，在常规设计流程的基础上进行整合，在每一个阶段融入绿色设计方法来指导设计师使用，从对平行打分体系转到利用矩阵式检索的方式开始设计。本小节介绍了主要的设计思路。

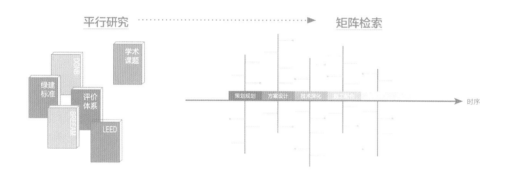

P1-1

以"方法检索"为设计主线

　　绿色建筑设计应的展开是以正向设计思路为主线，从宏观到微观，从发现问题到解决问题。按照不同专业、不同要素、不同时序逐渐展开，矩阵式检索的方式可以帮助设计师选取最合适的解决方法策略。通过不断的平衡获得最佳方案。

　　导则方法检索的列举逻辑打破了各种标准体系以结果条目分类的方式，与设计的正向思路保持一致，可使设计师在设计有序推进的过程中不断融入绿色基因，并在设计的不同阶段中反复检索论证。

方法检索		策划规划	方案设计	技术深化	施工配合	运营调试
A1- 场地研究	A1-1 协调上位规划 A1-2 研究生态本底 A1-3 构建区域海绵					
A2- 总体布局	A2-1 利用地形地貌 A2-2 顺应生态廊道 A2-3 project与缓廊链					
A3- 形态生成	A3-1 融入周边环境 A3-2 反映地域气候 A3-3 尊重当地文化					
A4- 空间节能	A4-1 适度建筑规模 A4-2 区分用能标准 A4-3 压缩用能空间					
A5- 功能行为	A5-1 剖析功能定位 A5-2 引导健康行为 A5-3 植入自然空间					
A6- 围护界面	A1-1 优化维护墙体 A1-2 设计屋面构造 A1-3 优化门窗系统					
A7- 构造材料	A1-1 控制用材总量 A1-2 鼓励当地取材 A1-3 循环再生材料					

P1-2
以"多元评估"为过程反馈

绿色设计的过程中需要不断地进行评估验证，以保证最后的结果。这种评估是多元的、不断叠加的，既有整体目标导向，也需要细节的模拟验证，在评估过程中修正设计主线的方向和方法策略的选取。

如在规划布局和建筑空间中，通过不同阶段对室内外风、光、声、热、能耗的模拟反馈来修正建筑的布局与空间的利用，模拟结果不是绝对的修改依据，需要在设计主线中去权衡判断。

如对于五化理念不同维度的轻重需要在设计过程中平衡判断，一个项目难以在五个方向都做到极致，需要有所取舍。而取舍的过程就是因地制宜、因时而变的过程。

如关于绿色的经济性评估需要在每个阶段都完成，前置投入、建造运营收益、社会效益等的平衡需要一直关注。

如绿色设计是全周期的考量，设计的每个阶段都应该验证对其他阶段的影响、对施工的节约、对运营和拆除的影响等，也包括对 LCA（Life Cycle Assesment，生命周期评估）的验算和对社会垃圾的排放。对建筑设计的绿色评估应该站在整体统筹的基础上，鼓励系统性与整合式的解决方案，而不是以技术要点的多少作为优劣的主要依据。优秀的绿色总体策略是评估的主要部分，也是我们评论优秀绿色建筑设计的重要原则。

多元评估需要利用一系列的工具包和数据库进行验证。其结果不是唯一和必然的，需要在反馈后进行二次判断，与其他各种问题进行综合平衡，在平衡中适度修正。

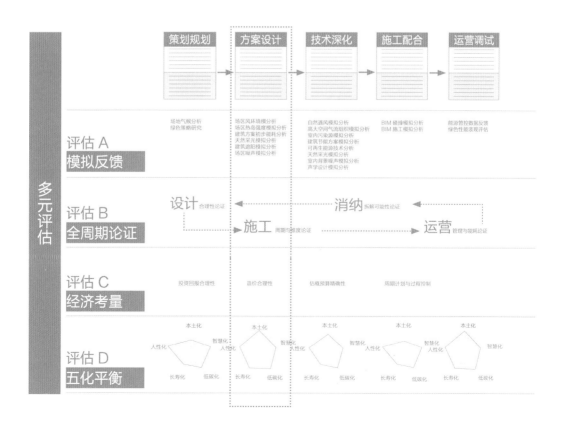

P1-3
全专业正向设计思路框架

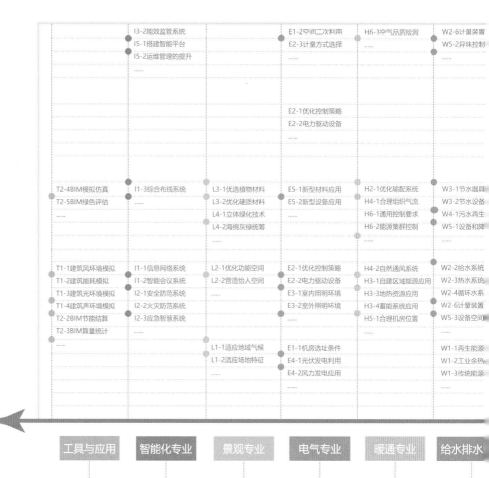

工具与应用	智能化专业	景观专业	电气专业	暖通专业	给水排水
	I3-2能效监管系统 I5-1搭建智能平台 I5-2运维管理的提升 ……		E1-2空间二次利用 E2-3计量方式选择 ……	H6-3空气品质检测 ……	W2-6计量装置 W5-2异味控制
			E2-1优化控制策略 E2-2电力驱动设备 ……		
T2-4BIM模拟仿真 T2-5BIM绿色评估 ……	I1-3综合布线系统 ……	L3-1优选植物材料 L3-2优化硬质材料 L4-1立体绿化技术 L4-2海绵灰绿统筹 ……	E5-1新型材料应用 E5-2新型设备应用	H2-1优化输配系统 H4-1合理组织气流 H6-1通用控制要求 H6-2能源集群控制	W3-1节水器具 W3-2节水设备 W4-1污水再生 W5-1设备和降
T1-1建筑风环境模拟 T1-2建筑能耗模拟 T1-3建筑光环境模拟 T1-4建筑声环境模拟 T2-2BIM节能结算 T2-3BIM算量统计 ……	I1-1信息网络系统 I1-2智能会议系统 I2-1安全防范系统 I2-2火灾防范系统 I2-3应急智慧系统	L2-1优化功能空间 L2-2营造怡人空间	E2-1优化控制策略 E2-2电力驱动设备 E3-1室内照明环境 E3-2室外照明环境	H4-2自然通风系统 H3-1自建区域能源应用 H3-3地热资源应用 H3-4蓄能系统应用 H5-1合理机房位置	W2-2给水系统 W2-3热水系统 W2-4循环水系 W2-6计量装置 W5-3设备空间
		L1-1适应地域气候 L1-2适应场地特征 ……	E1-1机房选址条件 E4-1光伏发电利用 E4-2风力发电应用		W1-1再生能源 W1-2工业余热 W1-3传统能源

专业要素 ←

涵盖绿色建筑 **全领域、分专业** 展开研究方I

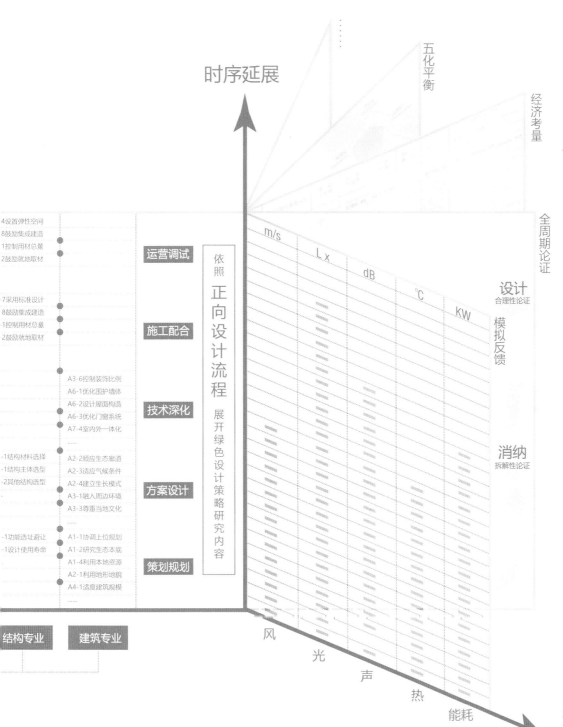

时序延展

五化平衡

经济考量

全周期论证

设计
合理性论证

模拟反馈

消纳
拆解性论证

依照 **正向设计流程** 展开绿色设计策略研究内容

运营调试

施工配合

技术深化

方案设计

策划规划

4设置弹性空间
8鼓励集成建造
1控制用材总量
2鼓励就地取材

7采用标准设计
8鼓励集成建造
-1控制用材总量
2鼓励就地取材

A3-6控制装饰比例
A6-1优化围护墙体
A6-2设计屋面构造
A6-3优化门窗系统
A7-4室内外一体化

-1结构材料选择
-1结构主体选型
-2其他结构选型

A2-2顺应生态廊道
A2-3适应气候条件
A2-4建立生长模式
A3-1融入周边环境
A3-3尊重当地文化

-1功能选址避让
-1设计使用寿命

A1-1协调上位规划
A1-2研究生态本底
A1-4利用本地资源
A2-1利用地形地貌
A4-1适度建筑规模

结构专业　　建筑专业

m/s
Lx
dB
℃
KW

风
光
声
热
能耗

多元评估

P2

阶段流程

P2-1
前期准备阶段

P2-1-1
组建团队

组织参与绿色建筑的各个团队，包括：建设方、设计、咨询、施工及运维管理，以及参与项目建设、使用与运行管理的各相关单位。

P2-1-2
制定全程方案

设置绿色建筑设计总监（或由主持建筑师兼任），组织设计各阶段、各团队进行技术共享、平衡、集成的协同工作，制定绿色全过程组织方案。

P2-1-3
研究前置背景

对项目所在地的前置环境条件进行充分的研究，形成后续项目开展的背景支持。根据项目的基本使用需求和所在地区的气候、文化、技术、经济特征确立绿色建筑设计目标。

P2-2
策划规划阶段

P2-2-1
立项报告（项目建议书）

协助业主进行项目背景、需求分析与功能定位，项目选址和建设条件论证分析，社会效益和经济效益初步分析，投资估算。重点进行环境影响、交通影响、地质安全、社会稳定风险、消防安全、节能减排等方面的影响评价。

P2-2-2
可行性研究报告

以立项建议书为基础（有时可行性研究报告可代替项目建议书），进一步梳理背景、建设的必要性和可行性，详细论证功能需求与建设规模、地质评估和市政条件接驳，确认投资估算。提出与项目类型相适应的绿色策划和概念设计方案，完成节能节水和绿色建筑专篇。

P2-2-3
绿色专项策划

依据项目地域化基础研究成果，进行项目立项建议书和可行性研究中绿色策划专项编制，分析当地基础条件，对上位规划、本底生态、本地文脉、环境质量等方面进行分析，对周边环境及生态要素不造成负面影响，确立初期的绿色增（减）量投资。

P2-2-4
设计任务书

以可行性研究报告为基础，帮助业主分析功能业态，进行方案设计任务书编制，融入绿色设计策略，确立五化的平衡目标。

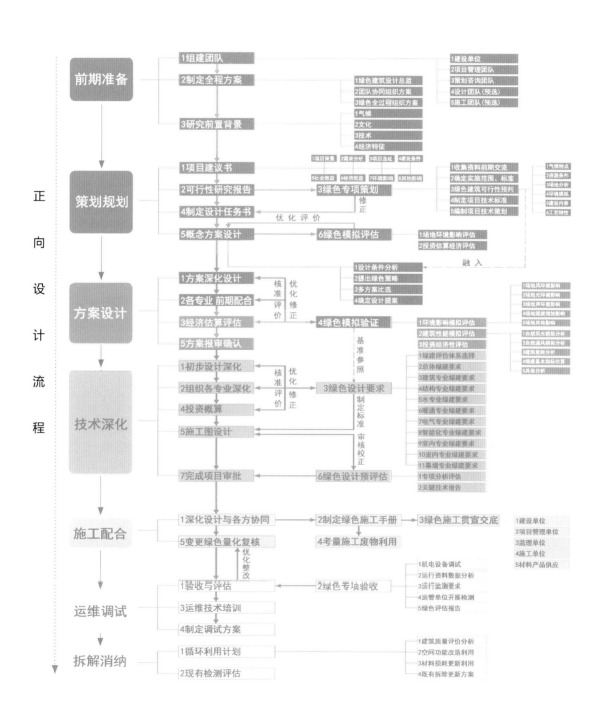

P2-2-5

概念方案设计

按方法体系推进概念方案设计，进行多方案比较。

P2-2-6

评估与模拟

对绿色策划及建筑概念方案作专项评估，如建设影响评估、场地环境模拟、投资估算和经济性评估等，确定前期绿色策划的可行性及调整方向。

P2-3

方案设计阶段

P2-3-1

方案报审确认

按导则方法体系进行绿色建筑方案设计，获得用地规划许可证，通过方案报批，完成交评、环评、人防等内容，并与业主确定实施方案。

P2-3-2

前期模拟验证

方案过程中由绿色咨询与模拟团队进行实时模拟评估验证，如室内外风、光、声、热、能耗、全周期平衡等，确保在设计初期有最优的结果反馈，并对方案进行修正。

P2-3-3

各专业前期配合

各专业需要在此阶段介入，并提出系统化方案，针对绿色设计进行前置论证。

P2-3-4

经济估算评估

对绿色建筑设计方案作专项投资估算，并进行方案绿色经济性评估，报政府及业主各方审批。

P2-4

技术深化阶段

P2-4-1

初步设计深化

在规划方案审批通过的前提条件下，各专业按方法体系开展项目方案深化、初步设计。

P2-4-2

组织各专业深化

主持建筑师牵头组织总图、景观、结构、机电等各专业以及各专项咨询方，实时把控绿色设计的效果，并通过评估判断和绿色模拟技术分析，优化深化技术设计。

P2-4-3

投资概算与绿色经济评估

对绿色建筑初步设计作专项投资概算，并进行初步设计的绿色经济性评估，报送初步设计评审。

P2-4-4

施工图设计

在初步设计评审通过的前提条件下进行项目施工图设计，深入施工详图和构造节点的设计，编制绿色建材设备技术规格书。

P2-4-5

绿色设计预评估

进行施工图绿色设计各方面效果预评估。

P2-4-6

完成项目审批流程

符合国家绿色标准的行业要求，完成相关报审程序，获批工程规划许可证，合法开工。

P2-5

施工配合阶段

P2-5-1

深化设计与各方协同

在深化设计和施工招标准备的过程中，各专业设计负责人与业主、施工企业和材料产品设备的工艺方密切沟通配合，结合绿色技术产品施工要求，配合工艺构造要求，把控精细化设计质量。

P2-5-2

处理变更量化复核

在施工建造的过程中，涉及绿色设计技术和设备产品的变更，需进行相应量化计算的调整和必要的复核模拟计算，形成各专业技术确认的备案文件。

P2-5-3

考量施工废物利用

同步考量施工过程中的资源消耗与废物利用，减少废物的排放。

P2-6

运营调试阶段

P2-6-1

绿色专项验收与综合评估

配合施工总体验收进行绿色专项验收；在项目正式竣工后，进行绿色各专项的综合评估，进行记录验算，完成评估报告。

P2-6-2

运维技术培训

交付业主并提供绿色运维管理的专项技术培训。

P2-6-3

指定调试方案

与业主和运维方一同制定调试方案，在保证需求的情况下控制能源消耗。

P2-7

拆解消纳阶段

P2-7-1

循环利用计划

有效利用建筑拆改过程中可循环利用的建筑材料，将之应用到建筑基层、建筑围护或建筑景观中。

P2-7-2

现有检测评估

对绿色化更新的改造项目，需进行原有条件的检测和评估等基础研究，通过可行性研究、概念方案投资测算、经济性评估，重新设立既有建筑绿色更新项目，实现高质量绿色建筑的可持续发展。

项目 北京奥运塔   摄影 张广源

S

S1 – S4

结构专业

STRUCTURE

理念及框架

结构绿色设计应具备全局观和整体观，即把
"建筑整体碳排放量（或能耗）最低"作为目标，
以全生命周期作为时间维度。由于建筑生命周期
不尽相同，为了对其科学评价、统一标准，建议
以建筑平均每年每平方米的碳排放量（tCO$_{2-e}$/
（m^2·a））作为衡量、评价标准。

现阶段，建筑运营阶段的碳排放得到了有
效控制，并在逐步推行近零能耗方式。在此条
件下，建筑物化阶段（包括建筑材料生产阶段、
运输阶段以及建筑施工阶段）的碳排放在全生
命周期碳排放量中的占比将相应提高，而其中，
结构主要材料和围护结构材料对此影响最大。
因此，基于低碳的结构设计，直接有效的方式
就是如何提高结构效率、减少材料用量，从而
降低碳排放。

本导则中，提高结构效率可理解为采用合理
的方法和措施，在结构性能一致的情况下，使得
结构材料用量降低；或在结构材料用量一致的前
提下，使得结构某项或多项性能得以提升。

另外，通过结构美学展现，发挥结构构件及
材料的装饰功能，进而减少装饰材料消耗，或使
得结构具备良好的后续使用适应性等，都属绿色
设计范畴。通过结构之美表达建筑意向无疑是最
佳的建筑结构一体化。对结构合理形态的探索也
一直是结构工程领域的重要课题。纵观诸多经典

结构工程，无不体现了使用功能、优美形体与合
理受力的协调一致。

需要说明的是，绿色结构设计措施应随着技
术升级而动态更新。材料生产工艺、建造方法、
回收利用技术等方面的革新都会降低碳排放，同
时各阶段碳排放量（或能耗）的占比也可能发生
变化。因而，绿色结构设计措施及方法也需动态
更新、调整。

S1
工程选址

大量地震灾害及其他自然灾害数据表明，在危险地段及发震断裂最小避让距离之内建造房屋，即便投入巨大资金，遇灾时仍较难幸免。据不完全统计，地震灾害造成的人员伤亡的 90% 和财产损失的 70% 都是由于建、构筑物倒塌所致。因此，在地震带区域、地质危险区域进行工程选址应予以高度重视。

S1-1
地震带区域选址

S1-1-1   策划规划、方案设计
工程选址应避让地震带

选择建筑场地时，应根据工程需要和地震活动情况、工程地质和地震地质的有关资料，对地震有利、一般、不利和危险地段做出综合评价。对不利地段，应提出避开要求；当无法避开时应采取有效的预防措施；对危险地段，严禁建造甲、乙类的建筑，不应建造丙类的建筑（《建筑抗震设计规范》GB 50011）。

2008年四川汶川地震，共有69,227人遇难，374,644人受伤，17,923人失踪；造成直接经济损失8452亿元人民币。北川县城中，老县城80%、新县城60%以上的建筑垮塌。

S1-2
地质危险区域选址

S1-2-1   策划规划、方案设计
工程选址不应选择对建筑物有潜在威胁或直接危害的地段作为建筑场地

建筑物在山区建设时，应对场区做出必要的工程地质和水文地质评价，对建筑物有潜在威胁或直接危害的滑坡、泥石流、崩塌以及岩溶、土洞强烈发育地段，不应选作建设场地。

2010年8月，甘南藏族自治州舟曲县城东北部山区突降特大暴雨，降雨量达97mm，持续40多分钟，引发三眼峪、罗家峪等四条沟系特大山洪地质灾害，泥石流长约5km，平均宽度300m，平均厚度5m，总体积750万m³，流经区域被夷为平地。

S2
材料选择

以往研究数据显示，建筑全生命周期碳排放量，运营阶段占比最大，其次是材料生产阶段。然而，相较于整个建筑生命周期，材料生产周期短、碳排放较为密集。ZHANG 和 WANG(2016)[1] 根据国家统计数据研究得出，在考虑建筑业年均碳排放量时，建筑材料生产阶段占比超过 70%。另外，随着绿色建筑的推广，建筑运营阶段的碳排放量逐步降低，材料生产阶段的碳排放占比将会进一步增加。故，优化材料选择、降低材料使用量（碳排放量）可有效地降低建筑碳排放量（或能耗）。

绝大多数已有关于建筑全生命周期碳排放的研究，均考虑在材料用量中占比较大、对总体碳排放影响较大的材料（包括结构和非结构材料），如混凝土 / 水泥、钢筋 / 钢材、玻璃、隔墙、保温材料等。LUO 等 (2016)[2] 研究分析了 78 栋办公建筑全生命周期碳排放，指出混凝土 / 水泥和钢筋 / 钢材作为建筑的主要结构材料，碳排放约占所有统计的主要建筑材料的 70%；其他围护结构材料则占约 30%。本章节针对结构、非结构材料的选择，分别提出结构绿色设计实施的指导原则。

S2-1
结构材料选择

S2-1-1 　　　　　　　　方案设计、技术深化
应充分考虑不同材料的特点及优势，扬长避短

应根据项目设计条件、特点等因素，合理选择结构主要材料及其相对应的体系，充分考虑不同材料的特点及优势，从而提高结构效率。

S2-1-2 　　　　　　　　方案设计、技术深化
应合理采用高强材料

高强材料的使用可有效地减少建筑材料的使用量，从而降低建筑的碳排放量。

在实际工程中，对于不同结构主材可采取以下措施达到节材减碳的效果：

1. 合理采用高强混凝土：高强混凝土的含碳量较高。提高混凝土等级可一定程度上减少材料使用量，然而一味地提高等级可能会使得碳排放量增高。也就是说，在满足结构安全的基础上，存在适合的混凝土等级使得总碳排量最低。故应基于设计条件将混凝土等级纳入高强混凝土优选考虑因素中，进行综合评价。

2. 合理采用高强钢筋：大量采用推广使用的 HRB400、HRB500MPa 级钢筋作为纵向受力主导钢筋。HRB400 使用已很成熟，可以普遍应用在各类构件中；基于现有研究及实践应用，建议将 HRB500MPa 钢筋（即高强钢筋）使用在竖向墙、柱构件中；在受弯构件中如和预应力技术结合可以控制裂缝，达到节材效果。

3. 合理采用高强钢材（Q460 级及以上的

钢材）；对于柱、支撑等轴心受力构件，当其由强度控制时，采用高强钢材有明显的优势。当其由稳定控制、构件长细比不大于50时，采用高强钢材也有较高的节材效益。需要注意的是，高强钢材的使用尚需兼顾到构件的延性需求。对于梁这类受弯构件，决定是否采用高强钢材时，需要考虑到截面刚度减小、板件减薄局部稳定能力降低、抗震对于延性和耗能的需求等因素综合判定。

S2-1-3   方案设计、技术深化
应遵从材料强度匹配原则

本条例中"材料强度匹配"是指钢筋混凝土构件中混凝土强度等级与钢筋等级相匹配；钢材与混凝土组合构件中混凝土强度与钢材强度匹配，总体应"高配高"。

S2-1-4   方案设计、技术深化
应充分利用可再生材料、工业废料降低单位体积混凝土碳排放

通过利用粉煤灰和高炉炉渣等工业废料降低混凝土中水泥的含碳量。水泥是混凝土中碳排放的主要来源，碳含量占比约95%以上。根据现有研究（Gan等，2017[3][4]）以及实际工程中混凝土配合比表明，使用工业废料粉煤灰、高炉炉渣作为辅助胶结材料可以有效地减少混凝土的碳排放；各等级混凝土中水泥、粉煤灰、炉渣比例存在较优值，可以使得单位体积混凝土的碳排放达到较低水平。

S2-1-5   方案设计、技术深化
应合理使用竹、木结构

竹、木为可再生的建筑材料。木材碳排放因子为负值，每生长1.0m³木材净吸收1.0t二氧化碳，释放730kg氧气，储存270kg碳。根据《现代木结构建筑全寿命期碳排放计算研究报告》，与钢材和混凝土等传统结构材料相比较，木材的使用可使材料生产阶段碳排放降低约48%~95%，全生命周期碳排放减排幅度约为8%~14%。

竹、木结构具有绿色生态、节能环保特色，同时还具有优良的宜居性。需要注意的是，选取竹、木作为结构主要材料时，尚应综合考虑材料供应、防火及耐久性能、成本等因素，合理使用。

S2-2
非结构材料选择

S2-2-1   方案设计、技术深化
应遵循就地取材原则

建筑材料的选择应遵循就地取材原则。缩短材料的运输距离是降低建筑材料运输阶段碳排放最直接、有效的措施。

S2-2-2   方案设计、技术深化
高层建筑优先采用轻质材料，降低自重

随着建筑高度的增加，建筑重量（结构和非结构）所带来的地震作用呈非线性增长，且增速随着建筑高度的增加而增大。使用轻质的非结构材料，降低建筑自重，是减小地震作用、节省建筑材料的有效措施。在建筑材料中，隔墙材料是仅次于结构材料使用量最大的非结构材料。因此，建议优先采用轻质隔墙，尤其是高大空间的隔墙。

S2-2-3   方案设计、技术深化
应尽可能采用可回收材料

提高建筑材料中可回收材料的使用率及回收比例，可以有效地降低建筑全生命周期中原材料的使用量，从而降低建筑材料生产阶段碳排放量。

S3
结构寿命

每个建筑的生命周期有所不同，为客观衡量建筑碳排放，建议使用 $tCO_{2-e}/(m^2 \cdot a)$，即单位面积年平均碳排放量。由此可见，通过少量的材料用量获得结构寿命的增长，即可以降低单位面积年平均碳排放量，这无疑是一种有效的减排措施。

S3-1
耐久年限

S3-1-1 　　　　　　　策划规划、方案设计
应合理提高耐久年限

耐久性是当前困扰土木工程的世界性问题，为了修复由于耐久性不足而导致的结构失效或功能降低问题，世界各国付出了巨大代价，我国尤为如此，这与我国以往对结构耐久性的重视不够、标准偏低直接相关。

在结构设计中，应根据建筑结构的特点，合理确定耐久年限，提倡通过少量投入而获得耐久性的有效提高。

采用混凝土结构时，具体措施详见《混凝土结构耐久性设计标准》GB/T 50476。

S3-2
设计使用年限

S3-2-1 　　　　　　　策划规划、方案设计
应合理提高设计使用年限

针对既有建筑，可采用延寿技术；针对新建建筑，可优先考虑采用高性能结构、罕遇地震可恢复结构，以提高设计使用年限。

"高性能结构工程"应当包含"高安全性能、高使用性能、高经济性能、高施工性能、高环保性能、高维护性能、高耐久性能、高抗灾性能"等一系列丰富的内涵，一项结构工程虽然很难在上述各个方面同时达到高性能，但应力争达到综合高性能，此外还应从规划、设计施工、运营、维护直至拆除整个生命周期内努力实现结构的高性能。[5]

S4
结构选型

结构设计中，选型对结构合理性乃至材料用量影响最大。根据建筑条件，选择适合的体系可最有效地提高结构效率，实现材料用量、碳排放量最优。

S4-1
结构主体选型

S4-1-1   方案设计、技术深化
地上结构选型应优选利于抗震的规则形体

建筑设计应重视其平面、立面和竖向剖面的规则性对抗震性能、经济合理性及材耗的影响，宜择优选用规则的形体，严重不规则的建筑不应采用。规则与不规则，很多工程无法完全用简化的指标去判断，这时的判别依赖于设计师（不仅是结构师，也包括建筑师）的抗震素养、力学基础和工程经验。关于抗震规则性的判断在美国、欧洲和日本的相关标准中亦有规定。

S4-1-2   方案设计、技术深化
重要工程宜采用减、隔震等可有效提高抗震韧性的技术

"生命至上"原则是人性化的最高体现，房屋在灾害来临时如果可以作为可靠的避难所和"安全岛"，且灾害过后可以迅速恢复正常生活、工作，则可以给人以极大的安全感和社会信心。

工程结构抗震设计的一个重要发展趋势是从防止结构倒塌转向结构功能可维持、可恢复。"对于生命线工程如供水、供电、通信工程和医院、避难中心等，功能保持或快速恢复对灾后救援与重建、社会安定极其重要。因此，大中城市维系其社会经济生活重要功能的大型公共建筑物的震后可恢复性也得到高度关注。这类建筑往往是大跨度或超高层，为保持基本功能或震后恢复功能，即使建造时附加隔震减震措施，所增造价占总投资比重也相对较低。而对城镇普通建筑结构，虽然就单体而言震后重建完全可行，但因其量大面广，一旦损坏，重建速度和成本都是极大的负担；因此普通建筑结构震后可恢复性机理和对策的研究，意义同样重大。"[6]

S4-1-3   方案设计、技术深化
在风荷载较大地区，应考虑采用利于抗风的气动措施

在风荷载较大地区，强风在超高层形成的风振响应往往令人产生不适，通过对建筑外形精心的气动优化设计，则可以大幅减少风致振动，进而减小结构抗风的代价。这些措施包括建筑截面形状优化、矩形截面建筑角部处理、建筑截面沿高度的各种改变、建筑立面开洞等。

例如，台北101大厦的建筑截面进行了凹角处理，这使得强风作用下建筑的底弯矩响应减小了25%；日本NEC大厦（44层，196m高）在距地80m高处开有一个约44.6m×12.6m的洞口（占建筑迎风面积的4.5%），当风垂直作用

于迎风面时，可较不开洞情况减少总风力25%；Lotte Super Tower（韩国首尔）、上海中心（中国上海）和芝加哥螺旋之巅（美国芝加哥）采用了截面沿高度旋转的气动措施，显著地减小了顺、横风向的风振响应；首都博物馆大悬挑轻型雨篷采用合理的疏风措施有效降低了风吸作用[7]。

S4-1-4　　　　　　　方案设计、技术深化
在风、雪荷载较大的地区，应谨慎使用膜结构

膜结构属于风、雪敏感结构；故在风、雪荷载较大的地区，应谨慎使用膜结构。

S4-1-5　　　　　　　方案设计、技术深化
宜采用利于排水和排雪的轻型屋盖形式

对于轻钢、索膜等轻型屋盖，除风荷载外，雪、雨荷载也是主要的控制荷载，采用利于排泄的屋面形式对于减小积雪、积水的不利影响既有效且经济。

S4-1-6　　　　　　　方案设计、技术深化
在沿海腐蚀性强的地区，可优先考虑钢筋混凝土或型钢混凝土结构

就抗腐蚀性而言，混凝土结构较钢结构具有优势，故在沿海腐蚀性强的地区，从耐久性角度可优先考虑钢筋混凝土或型钢混凝土结构。

S4-1-7　　　　　　　方案设计、技术深化
地下室结构选型应遵循综合比选原则

地下室埋深与基础持力层的选择、结构抗浮、施工土方及支护、建筑防水等密切相关，是影响地下室成本及材料的最主要因素，在设计中，应进行费效分析，着眼于整体，不局限于单一结构成本的控制。如采用梁高较小的楼面梁，尽管结构材料多些，但降低埋深后，减少了土方、支护、降水等消耗，往往是更合理的选择。

S4-1-8　　　　　　　方案设计、技术深化
在软弱地基区域优先采用轻质结构形式

软弱地基区域指当建筑地基的局部范围内有高压缩性土层（即淤泥、淤泥质土、冲填土、杂质土或其他高压缩性土层），采用轻质结构形式可有效地减少对地基处理的需求。

S4-1-9　　　　　　　方案设计、技术深化
应采用绿色地基技术

传统的地基处理技术需要投入大量的人力、材料和费用，消耗大量能源，且容易导致环境污染问题。如何在地基处理中引入节约资源、保护环境、减少污染的理念是岩土工程的一个重要课题。不同于传统的地基处理加固技术方法，绿色地基加固技术是综合考虑承载力、使用功能、使用寿命、材料和环境影响等多方面因素的系统设计方法。绿色技术具有绿色性、集成性和并行性，在满足"节约资源""减少污染""承载力需求"等原则下，在地基设计时就充分考虑地基全生命周期内对资源和环境的影响，而且在充分满足地基加固的功效、质量、开发周期和成本的同时，优化各有关设计因素，将地基加固造价和对环境的影响控制在最小的范围内。在设计过程中使结构设计、材料选择、施工工艺设计等多个环节同时进行、相互协调，各环节和整体设计方案、分析评价结果及时进行信息交流和反馈，从而在其设计研发过程中及时改进，使产品设计达到最优化[8]。

绿色地基技术创新：在地基处理具体方案设计中考虑节约能源、减少污染的方案。

绿色地基材料创新：在地基处理实施时运用的填充材料、拌和材料、添加材料等耗材体现节能减排的要求，充分利用建筑垃圾等城市

固体废弃物，同时开发环境友好的新型地基处理材料。

绿色地基工艺创新：在地基处理施工中采用低耗能、低污染、低噪声、低排放的工艺工法。

绿色地基装备创新：在地基处理施工中采用智能化、小型化、可多次重复利用等特点的装备。

绿色地基检测创新：在地基处理检验环节体现绿色节能的特点，采用耗低能、短周期、信息化的检验检测方法。

S4-1-10　　　　　方案设计、技术深化
在地下室较深及地下水位较高时，如采用"两墙合一"方案具有综合的技术经济效益应作为优选

"两墙合一"，即支护结构与建筑地下室外墙相结合，在变形控制、降低工程造价等方面有诸多优点，是建设高层建筑多层地下室和其他多层地下结构的有效方法。将主体地下结构与支护结构相结合，其中蕴含巨大的社会、经济效益（《建筑基坑支护技术规程》JGJ 120）。

S4-2
其他结构选型

S4-2-1　　　　　方案设计、技术深化
应结合建筑功能采用适宜的柱网

大量工程实践表明，柱网是影响结构经济性以及建筑使用的最主要的因素之一。过大和过小的柱网都会造成不利影响。柱网的确定应综合考虑建筑功能及定位、建筑总高度与层高以及结构设计条件。根据以往工程统计，适宜的柱网根据建筑业态分别为：办公建筑8.1~9.0m，酒店建筑6.0~9.0m，商业建筑9.0~12.0m，车库8.4~9.0m。

S4-2-2　　　　　方案设计、技术深化
应采用高效且尺度适宜的结构构件

实现构件高效的方法包括采用各种组合构件，随内力趋势优化配筋，采用变截面梁板、空心板等。

构件尺度适宜则是指构件尺度不仅满足结构合理，尚应具备满足建筑功能和设备系统运行的综合优良性能，例如：适度压缩截面尺度而增加了有效的使用净高或使用面积，适当增加梁高以满足设备部分管线穿越进而获得了有效的使用净高。使用净高的增大可以提升使用者的舒适度。同理，在满足使用净高的前提下，可以通过技术应用降低层高，从而减少建筑材料的碳排放以及建筑运营阶段的碳排放量的总和。

S4-2-3　　　　　方案设计、技术深化
结构设计对后续可能的使用功能改变，应具备必要的适应性

对于商业建筑、办公建筑，在设计使用年限内空间的分隔调整十分常见。在结构设计中，一方面荷载取值需考虑一定的适应性；另一方面在柱、墙竖向构件布置中亦需对后续的调整有所兼顾，尽可能避开影响后续调整的位置。对后续功能的适应性考虑需要设计师根据经验综合把握、调控。

S4-2-4　　　　　方案设计、技术深化
采取有效措施控制结构裂缝

结构使用期间裂缝过大会加快混凝土内部钢筋的锈蚀，降低结构耐久性；同时也会导致渗漏、透声等使用性能的降低；除此之外，过宽的裂缝会对使用者造成负面心理影响。需采用综合措施有效地控制结构裂缝，措施包括：（1）应根据地区大气条件合理划分温度区段，在使用期间温差大的地区减少结构的超长尺度；（2）增

加建筑保温隔热措施；（3）合理调控施工工艺；（4）结构设计根据温度分析设置相应的温度筋或施加适量预应力。

S4-2-5　　　　　方案设计、技术深化
应重视非结构构件的安全

调查表明，非结构构件（如建筑构件、固定装置、吊顶、幕墙等）的破坏与倾覆会造成严重的人员伤亡以及巨大的经济损失。在北岭地震中，超过7000人由于非结构构件的失效而受伤。根据美国FEMA（Federal Emergency Management Agency）于2000年公布的统计资料，地震中非结构构件破坏所造成的经济损失占建筑总经济损失的75%以上[9]。需要在此特别指出的是，应高度重视高大隔墙、幕墙等设计；对于高度过大的隔墙不应采用砌筑方式，而应采用轻质墙板。

S4-2-6　　　　　方案设计、技术深化
应考虑设计施工一体化

应遵从利于工业化原则，如优先使用工业化模板体系、工厂定型生产的钢筋，在钢结构中优先采用热轧及冷加工型材等。

S4-2-7　　　　　方案设计、技术深化
幕墙设计应与建筑结构协调，有条件时应一体化设计

在幕墙设计中，若幕墙承重骨架与主体结构相协调，应统筹设计。

注释

[1] ZHANG Z, WANG B. Research on the life-cycle CO_2 emission of China's construction sector [J]. Energy and Buildings, 2016, 112: 244-255.

[2] LUO Z, LIU Y, LIU J. Embodied carbon emissions of office building: A case study of China's 78 office buildings [J]. Journal of Architectural Engineering, 2016, 95: 365-371.

[3] GAN V J L, CHAN C M, TSE K T, LO I M C, CHENG J C P. A comparative analysis of embodied carbon in high-rise buildings regarding different design parameters [J]. Journal of Cleaner Production, 2017, 161: 663-675.

[4] GAN V J L, CHENG J C P, LO I M C, CHAN C M. Developing a CO_2-e accounting method for quantification and analysis of embodied carbon in high-rise buildings [J]. Journal of Cleaner Production, 2017, 141: 825-836.

[5] 聂建国. 我国结构工程的未来——高性能结构工程[J]. 土木工程学报, 2016, 49（9）: 1-8.

[6] 陈以一，贺修樟，柯珂，陈越时. 可更换损伤元结构的特征与关键技术[J]. 建筑结构学报, 2016, 37（2）: 1-10.

[7] 顾明，张正维，全涌. 降低超高层建筑横风向响应气动措施研究进展[J]. 同济大学学报（自然科学版）, 2013, 41（3）: 317-323.

[8] 刘汉龙. 绿色地基处理技术探讨[J]. 土木工程学报, 2018, 51（7）: 121-128.

[9] 贺思维，曲哲，周惠蒙，戴君武，王多智. 非结构构件抗震性能试验方法综述[J]. 土木工程学报, 2017, 50（9）: 16-27.

项目 建筑设计中心　　摄影 张广源

W

W1 - W5

给水排水专业

WATER

理念及框架

绿色建筑是我国实施21世纪可持续发展战略的重要组成部分，绿色建筑在发展原则上坚持可持续发展，在理念上贯彻绿色平衡，在整体设计上讲究科学，通过各专业高新技术的使用，最终实现尽量减少能源、资源消耗，减少对环境的破坏，充分展示建筑与人文、环境及科技的和谐统一。绿色建筑的实现要从设计、施工、运营等多个方面进行控制和要求，在这诸多因素中，设计作为第一个环节起着至关重要的作用。在绿色建筑给水排水的设计工作中，不仅要考虑给水排水系统的功能设计，还需要关注水资源综合利用和能源的高效利用，为人们提供一个健康舒适、资源节约的宜居环境。

本章对于生活热水能源选择方案，从可再生能源利用、工业余热利用和传统能源利用三个方面给出了不同条件下的热水系统能源形式，针对不同的工程项目给出了不同的选择，主要解决了如何高效、合理利用能源的问题；对于节水系统构建——建筑节水系统的重要内容，主要是解决建筑供水系统如何在满足使用的前提下，尽量做到减少水资源浪费，节约用水的问题；对于给水系统的水质、水压分区控制等方面提出具体的设计要求；对于热水系统的形式选择、水质、热水循环系统设置要点等方面提出具体的设计要求；对于循环水系统中空调冷却循环水系统和游泳池、水上娱乐池给出了节水设计要点；从避免管网漏损等方面针对计量装置、管材管件和阀门等

提出具体的设计要求；节水系统构建中给出的节水设计要点，从不同的设计阶段给出了具体的措施和解决方案；对于建筑给水排水常用的节水设备和器具，从节水性能要求方面给出了选用要求和设计要点，供设计人员选用；对于非传统水源的利用，是实现"开源节流"的重要措施；从提高水资源综合利用率角度，对污水再生利用、雨水利用、海水利用、矿井水和苦咸水利用等方面，结合不同的工程项目给出了不同的利用方案；最后，根据建筑给水排水的系统特点，从室内噪声控制、异味控制和建筑空间集约利用方面给出了相关设计要求和措施，以满足建筑室内环境与空间的健康舒适和宜居的目标。

随着社会的发展与进步，世界各国对绿色建筑的关注程度日益增加。绿色建筑已成为实现建筑可持续发展的关键。不同地区绿色建筑的设计应遵守因地制宜、从传统建筑文化吸取精髓的理念，体现健康、自然的生活态度，以规划、设计、环境配置的建筑手法来改善和创造舒适的居住环境，使建筑有效地成为环境的过滤器和调节器，创造出健康舒适的生活环境。给水排水在绿色建筑设计中潜能很大，我们可以在满足用户使用要求的前提下，从节水、可再生能源利用和非传统水源利用等方面优化设计，使我们设计的项目更加具有可持续性，更加符合时代潮流；同时每一个给水排水设计人都必须充分认识到降低建筑能耗，合理利用水资源是我们不可推卸的责任。

W1 能源利用	W1-1	再生能源利用
	W1-2	工业余热利用
	W1-3	传统能源利用
W2 节水系统	W2-1	制定水源方案
	W2-2	给水系统设计
	W2-3	热水系统设计
	W2-4	循环水系统设计
	W2-5	减少管网漏损
W3 节水设备和 器具	W3-1	节水器具选择
	W3-2	节水设备
W4 非传统水源 利用	W4-1	污水再生利用
	W4-2	雨水利用
	W4-3	海水利用
	W4-4	特殊水源利用
W5 室内环境与 空间	W5-1	设备降噪措施
	W5-2	污废气味减排
	W5-3	设备空间集约

W1

能源利用

W1-1
再生能源利用

我国的建筑能耗占全国总能耗近 30%，并继续增加，城市民用建筑仅洗澡热水用能就接近建筑能耗的 20%[1]，各类商业建筑热水能耗为其总能耗的 10%~40% [2]。故研究生活热水系统的能源选择显得非常重要。对于集中生活热水的热源选择，宜优先利用工业余热、可再生能源。当没有条件利用工业余热和可再生能源时，宜优先采用能保证全年供热的热力管网作为集中热水热媒。当上述热源均无可利用时，可设置燃油（气）热水机组或电蓄热设备制备和供应生活热水。

再生能源包括太阳能、水能、风能、生物质能、波浪能、潮汐能、海洋温差能、地热能等。它们在自然界可以循环再生，是取之不尽、用之不竭的能源，不需要人力参与便会自动再生，是相对于会穷尽的非再生能源的一种能源。研究生活热水能源采用可再生能源，不仅是出于建筑节能的考虑，同时也是可持续发展的要求。

W1-1-1   方案设计
日照资源丰富的地区宜优先采用太阳能作为热水供应热源

日照时数大于 1400h/ 年且年太阳辐射量大于 4200MJ/m² 及年极端最低气温不低于 −45℃的地区，宜优先采用太阳能作为热水供应热源。太阳能热水系统是把太阳能转换成热能以加热水并输送至各用户的系统装置。太阳能是永不枯竭的清洁可再生能源，是 21 世纪以后人类可期待的、最有希望的能源之一[3]。在设计过程中，需要给水排水专业、电气专业、建筑专业、结构专业等多专业协作，结合项目特点，选择集热器布置方案和系统形式，进一步配合落实设计条件；在运维阶段，需要物业公司熟悉系统原理和流程。

W1-1-2   方案设计
在夏热冬暖地区、夏热冬冷地区，宜采用空气源热泵作为热水供应热源

热泵是以水或空气为热源，通过使用冷冻剂（在热泵中通过其状态变化吸收和释放热量，并通过其循环传递热量，如氨、氟利昂、溴化锂

等）使热的移动发生逆转，亦即使热从低温向高温进行移动的机械装置。热泵技术是"开发和强化高质能源利用率的重要手段"，同时也是"获得可再生能源及维护生态平衡的有效途径之一"[4]。热泵作为一种高效节能的制热装置，其制热效率通常可以达到 400% 以上，远远高于电热效率的95%~98%[5]。热泵技术已经越来越受到全世界的关注，因为热泵可以利用自然界的低品位能源（如空气、地表水、地下水、土壤等）作为其冷热源，还可以回收建筑内部的热量以及各种余热。这些热源的温度较低，一般工业过程和生活中很难利用，可是通过热泵却可以提升品位，向生活和生产过程提供有用的热量；而且热泵以电力驱动，采用热泵原理吸收室外或大地的热量供热，消除了使用常规锅炉供暖中造成的环境污染，因而是一种清洁、高效、节能的产品。

空气热源取之不尽，用之不竭，作为热源有着悠久的历史，而且空气源热泵安装和使用都很方便，应用较广泛。空气源热泵热水系统是以空气作为热源，通过电能驱动压缩机做功，推动系统中冷媒循环运动，将周围环境空气温度降低，吸收其中的热量，带到输出冷凝端，放出热量来加热冷水的热泵热水系统。其特点有热能源于空气，不受气候影响，可以一年四季全天候使用；占地面积小，安装简便，不再受居住层次的影响，实现同建筑的一体化；采用环保工质，无任何废气废水排放，安全环保；其最大的优点是更加的经济实惠。

W1-1-3 　　　　　　　　　　　方案设计
在地下水源充沛、水文地质条件适宜，并能保证回灌的地区，宜优先利用地下水源热泵

利用水作冷热源的热泵，称之为水源热泵。水是一种优良的热源，其热容量大，传热性能好。一般水源热泵的制冷供热效率或能力高于空气源热泵，但由于受水源的限制，水源热泵的应用远不及空气源热泵。水源热泵技术是将储存于地球浅表层低品位的冷热源（如地下水、湖水、河水）中因吸收太阳能和地热能而形成的低温低位热能资源，借助热泵原理，通过少量的高位电能输入，高效集中"提取"出来，使低位热能向高位热能转移的一种技术，实现取暖和制冷的功能。而水源热泵热水系统，是将提取出的热量用于加热生活热水。

W1-1-4 　　　　　　　　　　　方案设计
在地表水源充足、水文地质条件适宜的地区，宜优先利用地表水源热泵

在沿江、沿海、沿湖、地表水源充足，水文地质条件适宜，及有条件利用城市污水和再生水的地区，宜采用地表水源热泵热水供应系统；应根据项目实际情况，选择设置地表水源热泵和污水源热泵作为生活热水热源方式，节能效果明显。但要注意的是，采用地下水源和地表水源时，应经当地水务、交通航运等部门审批，必要时应进行生态环境和水质卫生方面的评估。

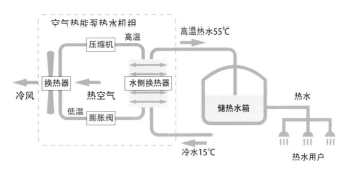

空气源热泵热水系统示意图

W1-2
工业余热利用

工业余热是指工业生产中各种热能装置所排出的气体、液体和固体物质所载有的热量，属于二次能源，是燃料燃烧过程所发出的热量在完成某一工艺过程后所剩余的热量。工业余热利用是指利用从工业设备回收的余热作为生活热水热源的方式，回收一部分本来废弃不用的工业余热进行集中供热，能节约一次能源，提高经济效益，减少污染。目前，常见的工业余热为从各种工艺设备排出的高温烟气和工艺设备的冷却水等。

W1-2-1　　　　方案设计
工业高温烟气利用

冶金炉、加热炉、工业窑炉、燃料气化装置等，都有大量高温烟气排出。通常将高温烟气引入余热锅炉，产生蒸汽后送往热网供热。余热锅炉形式有火管锅炉、自然循环和强制循环的水管锅炉。由于余热锅炉前的燃烧设备工况不甚稳定，烟气中含尘量大，因此要求锅炉的金属材料对于热负荷或烟气温度的突然变化具有较好的适应性，并能耐含尘烟气的冲刷和腐蚀。余热利用的经济性，通常随烟气量的增大而提高。烟气量少时，即使初温很高，也不一定经济合理[6]。

W1-2-2　　　　方案设计
工业冷却水余热利用

一些钢铁企业利用焦化厂初冷循环水余热，进行较大范围的集中供热，取得了良好的效果。焦炉产生的荒煤气经列管式初冷器被水冷却，冷却水升温至50～55℃，用作热网循环水或者制备生活热水。当项目采用工业余热利用时，应重点考虑余热的稳定性以及可利用量，进行技术经济比较后确定系统方案。

W1-3
传统能源利用

集中生活热水热源选择，宜优先利用工业余热、可再生能源。当没有条件利用工业余热和可再生能源时，宜优先采用能保证全年供热的热力管网作为集中热水热媒。当上述热源均无可利用时，可设置燃油（气）热水机组或低谷电蓄热设备制备和供应生活热水。

W1-3-1
采用能保证全年供热的热力管网作为热水供应热源

当项目所在地有保证全年供热的热力管网的条件时，由于该热源相对于其他热源较稳定、供热量保证率高，宜优先采用其作为集中生活热水系统的热源，实现节约能源、保护环境的目标；对于建设方而言，可以减少热源设备投资，仅设置间接换热器，即可实现集中生活热水供应，系统简单、经济性好。

W1-3-2
如果项目所在地无法利用可再生能源与市政热源，应采用燃油（气）等动力作为热水供应热源

当项目所在地不具备可再生能源利用条件，同时也没有市政热力可用时，则集中生活热水热源应采用燃油（气）制备生活热水。燃油（气）相比较燃煤，燃烧效率高，对于环境污染较小，利用方便，在工程项目中容易推广。

W1-3-3
项目设计中应结合当地气候、自然资源和能源情况，对热水供应热源进行优化和组合利用

集中热水系统的热源形式选择，对于实际工程项目而言，热源不可能实现单一热源方式，比如设置太阳能热水系统，应设置相应的辅助热源；对于不能保证全年供热的城市热力管网，在管网检修期应设置备用热源等。故集中生活热水热源方案应结合项目实际情况，对热源进行优化和多种热源组合利用。

W2
节水系统

W2-1
制定水源方案

建筑节水系统，是绿色建筑节水设计中最为重要的环节。节水设计除合理选用节水用水定额，采用节水的给水系统，采用好的节水设备、设施和采取必要的节水措施外，还应在兼顾保证供水安全、卫生的条件下，根据当地的要求合理设计利用污水、废水、雨水，开源节流，完善节水设计。

W2-1-1 方案设计
应结合项目实际情况，制定水资源利用方案

方案设计阶段，应因地制宜制定水资源利用方案，统筹、综合利用各种水资源。水资源利用方案是所有绿色建筑节水设计的基础与依据，在方案阶段制定水资源利用方案可以指导和控制整个设计过程，最终实现合理的节水系统。

水资源利用方案应考虑当地政府规定的节水要求、区域水资源状况、气象资料、地质条件及市政设施情况等。当项目包括多种建筑类型，如住宅、办公建筑、旅馆、商场、会展建筑等时，可统筹考虑项目内水资源的综合利用，确定各类水质标准、节水用水定额，编制节水水量计算表及水量平衡表，制定给水排水系统设计方案及采用的节水器具、设备和系统的相关说明，制定非

传统水源利用方案；对雨水、再生水（中水）等水资源利用的技术经济可行性进行分析研究，进行水量平衡计算，确定雨水、再生水（中水）等水资源的利用方法、规模和处理工艺等；景观水体补水严禁采用市政自来水和自备地下水井供水，可以采用地表水和非传统水源；采用建筑用地红线外的地表水时，应事先取得当地水务主管部门的许可；采用雨水和再生水（中水）作为补水水源时，水景规模应根据设计可收集利用的雨水或再生水（中水）量确定。

W2-2
给水系统设计

给水系统是建筑节水系统的重要组成部分，是合理、高效利用自来水的关键环节，主要包括定额、水质、系统选择、管道敷设等主要内容。绿色建筑设计时应特别关注给水系统水质、压力分区、管材和阀门附配件的选择，对水箱（罐）等设备的卫生性能控制等。

W2-2-1
采用市政水源供水时，应充分利用城市供水管网的水压

为节约能源、减少生活饮用水水质污染，建筑物底部楼层应充分利用市政压力直接供水。底部楼层直接利用市政压力供水，可以减轻二次供水的负荷，减小二次供水水箱的水泵规模，降低工程投资造价。另外，利用市政压力供水，减少了中间环节，对于饮用水水质安全提供了有力保障。同时，对于高层建筑给水系统而言，确定市政供水楼层，也是竖向压力分区的基础条件。

W2-2-2
制定合理供水压力，防止超压出流

超压出流是指给水配件前的静水压大于出流水头，其流量大于额定流量的现象，两流量的差值为超压出流量。超压出流除造成水量浪费外，还会影响给水系统流量的正常分配，当建筑物下层水压过大且大量用水时，必然造成上层缺水现象，严重时可能造成上层供水中断[7]。

通常可以通过合理限定配水点的水压，设置减压阀、减压孔板或节流塞等措施以及采用节水龙头，控制超压出流。

W2-2-3
生活水箱、水罐等储水设施应满足卫生要求

生活水箱和储水罐作为二次供水设施的主要设备，是实现给水系统水质安全保障的重要环节，故要求生活水箱和储水罐的卫生要求和水质检测方法应符合现行国家标准《二次供水设施卫生规范》GB 17051和《生活饮用水输配水设备及防护材料的安全性评价标准》GB/T 17219等的要求，采用成品，避免现场制作，同时采取分格、加锁人孔、溢流管和通气管管口设置防虫网等措施，保证水质安全。

W2-2-4
给水管道、设备和设施应设置明晰的永久性标识

此要求主要是考虑到建筑给水排水系统管线繁多，如果没有清晰的标识，项目施工或运行维护过程中发生误接，造成误饮误用，不利于用户健康。设计中对建筑给水排水管道及设备的标识设置可参考现行国家标准《建筑给水排水及采暖工程施工质量验收规范》GB 50242和《工业管道的基本识别色、识别符号和安全标识》GB 7231的相关规定执行。

W2-3
热水系统设计

热水系统是建筑节水、节能系统的重要组成部分，是合理、高效利用能源和水资源的重要环节，也是建筑物中满足人们健康舒适的关键。主要包括定额、水质、系统选择、加热设备选型、管道敷设等主要内容。绿色建筑设计应特别关注热水系统水质、系统方式、加热设备选型等。

W2-3-1   方案设计

应根据项目实际情况和热水用量需求，采用分散或集中热水系统

应根据项目不同特点，对热水系统形式进行选择，局部热水供应系统和集中热水供应系统的特点分析如下表所示：

局部热水供应系统和集中热水供应系统的特点分析表

系统类型	定义	适用场所	优点	缺点
局部热水供应系统	采用各种小型加热器在用水场所就地加热，供局部范围内的一个或几个用水点使用	热水系统用水量较小且用水点分散	设备、系统简单，造价低；维护管理容易、灵活；热损失较小；改装、增设较容易	一般加热设备热效率较低，热水成本较高；使用不够方便舒适；占用建筑面积较大
集中热水供应系统	在锅炉房、热交换间将水集中加热，通过热水管网输送至整栋或几栋建筑，并设有完善的循环系统	热水用水量较大、用水点集中	设备集中，便于管理，加热设备热效率较高，热水成本较低	设备、系统较复杂，建筑投资较大，需有专门维护管理人员

W2-3-2   技术深化

热水水质应符合卫生要求

设计中要求生活热水水质应符合现行国家标准《生活饮用水卫生标准》GB 5749的规定。但是，热水水源采用自来水，在加热过程中使水中余氯含量减少或消失，导致异养菌数增多、细菌总数增多，使得热水系统水质不能满足《生活饮用水卫生标准》GB 5749的要求[8]，特别是军团菌和非结核分枝杆菌成为热水水质安全的最大威胁。设计人员应关注生活热水系统水质安全，

从设计中采取措施，保证热水水质满足现行国家行业标准《生活热水水质标准》CJ/T 521-2018的规定。

W2-3-3   技术深化

分区宜与给水分区一致，并应有保证用水点处冷、热水供水压力平衡和出水温度稳定的技术措施

集中热水系统设计中，水源一般选择采用自来水，对于竖向分区的高层建筑来说，为了保证热水系统的供水稳定性和用水舒适性，一般要求

热水与生活给水采用"同水源"，即各分区加热器的进水均应由相应分区的给水系统设专管供应。考虑到热水系统在换热过程中有一定的压力损失，但此损失一般很小，可以通过末端的用水器具进行调节；同时，通过系统管网同程布置的方式也可以起到控制热水供水管路的阻力损失和冷水供水阻力损失的相对平衡，使得热水配水点处水压相近。

W2-3-4

集中热水系统应设置热水循环，并应有保证循环效果的技术措施

生活热水系统，尤其是集中热水供应系统应设置循环系统，其作用是热水通过循环管道弥补管道热损失引起的温降，保证用户用水时能及时获得符合设计要求的热水。热水循环系统运行效果的好坏直接影响热水水质、节水、节能、使用舒适度和使用安全，因此设计和安装好热水循环

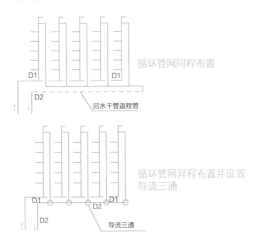

循环管网同程布置

循环管网异程布置并设置导流三通

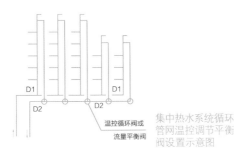

集中热水系统循环管网温控调节平衡阀设置示意图

系统是保证建筑热水系统运行效果的重要环节。设计中可根据阻力平衡流量分配法采取循环管网同程布置、异程布置加导流三通或流量平衡阀，以及设置温控循环阀的温控调节平衡法措施。全日制集中热水系统的循环，应保证配水点出水温度不低于45℃的时间，对于住宅不得大于15s，医院和旅馆等公共建筑不得大于10s。

W2-3-5

集中热水供应系统的设备和管道应做保温，保温层的厚度应经计算确定

集中热水供应系统的设备和管道的保温措施，是为降低热水在输送和循环过程中的热损失，若不采取保温措施，就会造成能源的极大浪费，而且可能使较远端配水点得不到规定水温的热水。据苏联赫鲁道夫著的《热水供应》一书中介绍："普通有隔热保温措施的热水系统，其燃料消耗为无隔热保温措施系统的一半"，足以说明热水系统保温措施的重要性。工程设计中，保温层厚度理论上应根据项目所在地的气候条件和热焓值进行相关热力计算，一般可参照执行现行国家标准《工业设备及管道绝热工程设计规范》GB 50264的规定。

W2-3-6

公共浴室热水管网宜成环布置，应设循环回水管，循环管道应采用机械循环

公共浴室一般是生活热水系统用水量相对集中的"用水大户"，为了减少淋浴时因热水不循环而带来存留在管道中的低温水的浪费，提高用水舒适度，故要求公共浴室热水管网布置成环状。同时，为了保证干管中的热水温度，应设置循环管道，循环管道应采用机械循环；淋浴器宜采用即时启闭的脚踏、手动控制或感应式自动控制装置，供水系统宜采用控制出流水头、控制水压、控制温度等节水措施。

W2-3-7　　技术深化

集中热水供应系统宜设置计量、监测、控制和故障报警等智能管理系统接口

集中热水系统宜设置流量计、温度传感器、设备运行状态监测接口，实现对加热器的温包实时数据、循环水泵运转实时工况以及热水系统循环系统运行工况等数据的采集，并入建筑楼控系统管理，实现物联网云平台管理。

W2-4
循环水
系统设计

循环水系统是指民用建筑内空调冷却循环水系统、游泳池循环水系统等的统称，是建筑给水排水的重要组成部分。由于循环水系统中涉及的用水量相对较大，在建筑水资源消耗中所占比例高，研究循环水系统的节水措施对于节水设计非常关键。

W2-4-1　　方案设计

空调冷却循环水系统的冷却水应循环使用

为了节约水资源，国内各大省份均有要求空调冷却循环水系统的冷却水应循环使用，循环率不应低于98%；在设计中应考虑采取循环用水、一水多用等节水措施，降低水的消耗量，鼓励单位之间串联使用回用水，进一步提高水的重复利用率，不得直接排放间接冷却水。

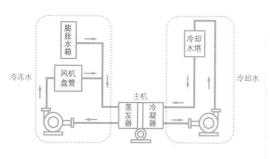

空调冷却循环水系统示意图

W2-4-2　　方案设计

空调冷却循环水系统水源应满足系统的水质和水量要求，补水宜优先使用非传统水源

空调冷却循环水系统水质应符合现行国家标准《采暖空调系统水质》GB/T 29044的规定，设计中应结合项目实际情况，空调冷却循环水系统补水宜优先使用雨水等非传统水源，非传统水源经处理后应满足《采暖空调系统水质》GB/T 29044和《循环冷却水用再生水水质标准》HGT 3923-2007的要求。

雨水回用工艺与流程图

多台冷却塔同时使用时宜设置集水盘连通管等水量平衡设施

由于空调冷却循环水系统大多为开式系统，冷却水泵直接从冷却塔集水盘出水管道吸水，由于冷却水泵属于大流量、小扬程水泵，而且冷却塔集水盘相对水位较浅，在实际工程中很容易出现由于配水不均匀而导致个别冷却塔集水盘进气，致使冷却水泵频繁停机。管路进气后系统维护甚至需要泄空重新灌水，从而造成水资源和动力能源的浪费。因此，对于多台冷却塔同时使用的工程项目，要求设计中设置集水盘连通管或者加大回水管管径等水量平衡措施。

空调冷源方案考虑建筑节水，宜优先选用风冷方式

当工程项目规模、当地气候条件适宜以及使用要求等条件满足的情况下，空调冷源系统方案宜优先选择风冷方式。风冷方式相较水冷方式（冷却塔）而言，带自然冷却的风冷机组可以根据供水温度设定值和空气温度实现全自动运行，完全实现无缝切换运行；安全、高效、节能且能减少建筑用水消耗量。

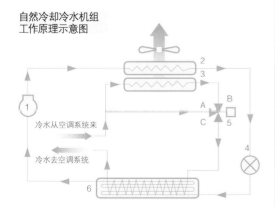

自然冷却冷水机组
工作原理示意图

1-压缩机
2-冷凝盘管和风机
3-自然冷却热交换盘管
4-膨胀阀
5-三通调节阀
6-壳管式蒸发器

冷水从空调系统来
冷水去空调系统

空调冷凝水应根据建筑内回用水系统设置情况，收集后作杂用水、景观和绿化使用

空调在制冷或抽湿模式运转的时候，蒸发器温度比空气温度低得多，空气流过蒸发器，通过热量交换变成凉风吹出来，空气中的水汽遇冷在蒸发器上凝结成水，这就是空调冷凝水的来源。理论上空调冷凝水是纯净水，但是由于空气中含有悬浮尘埃、烟雾、微生物及化学排放物等杂质，冷凝水中也混有这些杂质。但与生活废水相比，空调冷凝水污染浓度低，易于回收处理。当建筑设有回用水系统时，应将空调冷凝水作为回收水源之一考虑。

游泳池、水上娱乐池等应采用循环给水系统，其排水应重复利用

游泳池、水上娱乐设施属于建筑"用水大户"之一，为了节约水资源，要求池水循环净化后重复使用。游泳池、水上娱乐设施水源大多来自城市市政给水，在其循环处理过程中排出废水量大，而这些废水污染物浓度低，所以应充分重复利用，也可以作为中水水源之一。

洗车场宜采用无水洗车、微水洗车技术

无水洗车，是指在水里加入洗车水蜡的一种节水洗车方式；先把车身打湿，然后用毛巾海绵擦洗，免去了用水冲洗的过程，用水量少，不会造成环境污染。该技术源于新加坡，十几年前新加坡政府为环保节水的需要，强制推行无水洗车，遂使无水洗车技术得以成熟和完善，简单一喷一擦即可。营业性洗车场（点）应优先使用非传统水源，当采用自来水洗车时应设置循环利用系统。

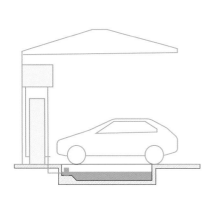

洗车场循环水系统示意图

地下水热源热泵换热后应回灌至同一含水层，抽、灌井的水量应能在线监测

地下水源热泵是一种利用地下水热量通过能量提升后用于建筑供暖和生活热水制备的能源利用方案，为了可持续利用地下水热能，避免对地下水造成污染和生态环境的扰动，要求地下水源热泵抽水利用后应将地下水回灌至同一含水层，一般要求设置专用抽水井和回灌井，回灌时要求水质不得低于原地下水水质，回灌后不会引起区域性地下水水质污染。同时，为了保证100%回灌，要求抽、灌井的水量应设置实时流量监测。

W2-5
减少管网漏损

管网漏失水量是指水在输配过程中漏失的水量，包括阀门故障漏水量，室内卫生器具漏水量，水池、水箱溢流漏水量，设备漏水量和管网漏水量。管网漏损不但浪费水资源，同时还给供水企业和物业管理方带来经济损失。

选用密闭性能好的阀门、设备，使用耐腐蚀、耐久性能好的管材、管件

供水管网老化、管材质量不佳、附属设施腐蚀严重，以及管网阀门失灵或关闭不严，是形成管网漏失水量的主要原因。设计中要求选用的管材、管件和阀门及附配件应符合相应的产品标准，严格按照各地"推广和限制禁止使用建筑材料目录"相关产品进行选用。施工现场材料入库前应严格查验产品合格证及产品检验报告。另外，要求施工安装时应严格按照施工验收规范与相应的技术规程进行施工操作，保证良好的施工质量。

合理控制供水系统的工作压力

合理设计供水压力，避免供水压力持续高压或压力骤变，也是降低管网漏失水量的重要措施。管网中如果持续高压，或者压力波动过大，对管道接口的密封性能带来极大考验，经常因为持续高压或压力骤变导致管道接口密封破坏或性能下降甚至出现管道变形或爆裂现象，从而导致管网漏水。在设计中应按照相关设计规范要求合理确定系统供水压力，并据此进行水泵参数选择。

W2-5-3　　　　　　　　　　　　　施工图阶段

建筑给水、中水系统的水池和水箱溢流报警应与进水阀门自动联动关闭

建筑给水、中水系统的水池和水箱，一般会设置浮球阀，根据水箱液位变化对水箱进行补水，但在实际工程中，一些建筑出现由于水箱液位控制或进水管上浮球阀失灵，导致水箱溢流不止，造成水资源严重浪费的现象。故在设计中要求水池、水箱的进水管上遥控浮球阀上游增加设置一个电磁阀或电动阀，平常处于常开状态，与水箱液位传感器溢流报警信号自动联动关闭，避免水资源的浪费。

W2-5-4　　　　　　　　　　　　　施工图阶段

根据水平衡测试要求设置分级计量水表

水平衡测试是对项目用水进行科学管理的有效方法，也是进一步做好城市节约用水工作的基础。通过水平衡测试能够全面了解用水项目管网状况、各部位（单元）用水现状，画出水平衡图；依据测定的水量数据，找出水量平衡关系和合理用水程度；采取相应的措施，挖掘用水潜力，达到加强用水管理，提高合理用水水平的目的。分级计量水表要求下级水表的设置应覆盖上一级水表的所有出流量，不得出现无计量支路的现象。

设计中要求按照使用用途、付费或管理单元情况，对不同用户的用水分别设置用水计量装置，统计用水量，并据此施行计量收费，以实现"用者付费"，达到鼓励行为节水的目的。同时还可统计各种用途的用水量和分析渗漏水量，达到持续改进的目的。要求用水计量仪表应按用途和水量平衡测试要求分类设置；公共建筑应按不同使用性质、不同计费标准或不同付费单位分别设置计量装置；公共建筑中有可能实施用者付费的场所，宜设置用者付费的设

施；住宅小区、单体建筑引入管和入户管应设计量水表；室外绿化灌溉、道路冲洗等公共设施用水应按用途设置水表；计量装置宜设置数据传输接口。

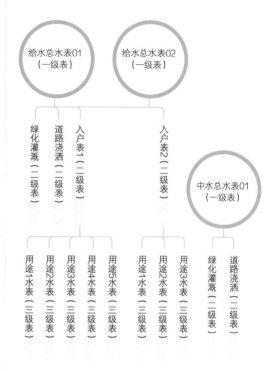

分级水表设置示意图

W2-5-5　　　　　　　　　　　　　施工图阶段

室外埋地管道应根据当地实际情况选择适宜的管道敷设及基础处理方式

相关研究表明，室外埋地管道由于接口处刚性太大，发生不均匀沉降时，管道易产生环向断裂或承口处挠断而造成大量管网漏失；另外，存在管道基础承载力不够的情况，当土壤发生不均匀沉降时造成管道接口漏损；此外，由于管道接口施工质量不好，安装完成后通水即出现渗漏现象也时有发生。故要求在设计中应根据当地实际情况选择室外埋地管道适宜的管道敷设及基础处理方式。

W3

节水设备和器具

W3-1
节水器具选择

节水型生活用水器具是能比同类常规产品减少流量或用水量，提高用水效率，体现节水技术的器件、用具。节水器具位于建筑供水系统的末端，同时也是所有用水点的控制关键点，对于建筑节水具有重大意义。要求所用用水器具应满足现行国家和行业标准《节水型卫生洁具》GB/T 31436、《节水型生活用水器具》CJ/T 164 和《节水型产品通用技术条件》GB/T 18870 等的相关规定。节水型卫生器具的用水效率等级应达二级及以上。

W3-1-1　　　　　　　　　　　　　技术深化

坐式大便器宜采用设有大、小便分档的冲洗水箱

　　坐便器按照冲水模式一般分为单档坐便器和双档坐便器。按照现行国家行业标准《节水型生活用水器具》CJ/T 164的规定，单档坐便器和双档坐便器大档应在规定用水量下满足冲洗功能要求；双档坐便器小档应在规定用水量下满足洗净功能、污水置换功能、水封回复功能和卫生纸试验的要求，且双档坐便器的小档流量不应大于名义用水量的70%。鉴于坐便器在所有卫生器具中的使用率，同时从建筑节水角度出发，推荐设计选用双档坐便器。

W3-1-2　　　　　　　　　　　　　技术深化

居住建筑中不得使用一次冲洗水量大于 6L 的坐便器

　　根据现行国家行业标准《节水型生活用水器具》CJ/T 164的规定，坐便器用水量等级1级对应用水量为4.0L，2级对应用水量为5.0L；现行国家标准《坐便器用水效率限定值及用水效率等级》GB 25502-2017规定，坐便器的节水评价值为用水效率等级的2级，对应用水量为4.2L/6.0L（平均用水量5.0L）。故设计中选用坐便器，对应其一次冲水量不得大于6.0L。

W3-1-3
小便器、蹲式大便器应配套采用延时自闭式冲洗阀、感应式冲洗阀、脚踏冲洗阀

设置小便器和蹲便器的场所多为公共建筑卫生间，为了满足建筑节水的目标，同时兼顾卫生安全因素，采用延时自闭式冲洗阀、感应式冲洗阀、脚踏冲洗阀，在使用者离开后，会定时自动断水，具有限定每次给水量和给水时间的功能，有较好的节水性能。

W3-1-4
公共场所的卫生间洗手盆应采用感应式或延时自闭式水嘴

洗手盆感应式水嘴在离开使用状态后，会定时自动断水，用于公共场所的卫生间时不仅节水，而且卫生。洗手盆自闭式水嘴具有限定每次给水量和给水时间的功能，具有较好的节水性能。

W3-1-5
洗脸盆等卫生器具应采用陶瓷片等密封性能良好、耐用的水嘴

水嘴是对水介质实现启、闭及控制出口水流量和水温度的一种装置，也是建筑给水系统中用水点末端的关键节水设备。推荐洗面器和厨房水嘴等接触式水嘴采用陶瓷片密封水嘴，要求该产品应符合现行国家标准《陶瓷片密封水嘴》GB 18145-2014的相关规定，在满足金属污染物析出限量、密封、流量及寿命性能等方面的要求外，还大大提高了节水性能。

W3-1-6
水嘴、淋浴喷头内部宜设置限流配件

现行国家行业标准《节水型生活用水器具》CJ/T 164中对水嘴、淋浴喷头从流量特性、强度、密封性、启闭时间和寿命等方面给出了明确规定，在工程设计中推荐在水嘴、淋浴喷头内部设置限流配件（如限流片或限流器等），以便保证产品的节水性能。

W3-1-7
双管供水的公共浴室宜采用带恒温控制与温度显示功能的冷热水混合淋浴器

冷热水混合器是通过温度探头测量混合水温，并实时反馈给温控部分，分别对冷热水的水温流量进行同步控制，从而达到恒温的目的。同时，冷热水混合器还能一定程度上降低冷热水供水压力差，满足节水、使用舒适的目的。另外，对于学校、学生公寓、集体宿舍的公共浴室等集中用水部位宜采用智能流量控制装置，如采用刷卡淋浴器等，能够实现"人走即停"，避免水资源浪费。

W3-2
节水设备

节水设备即为符合质量、安全和环保要求，在满足正常使用功能的前提下提高用水效率、减少水使用量的设备。根据建筑给水系统的性质特点，主要包括生活热水加热设备、水处理设备、冷却塔和其他节水设备设施。本节着重对节水设备的选择要点进行规定。

W3-2-1　　　　　　　　　　　方案设计
生活热水系统水加热设备应满足安全可靠、容积利用率高、换热效果好等要求

生活热水系统水加热设备应根据使用特点、耗热量、热源、维护管理及卫生防菌等因素进行选择。要求容积利用率高、换热效果好、节能、节水；水加热器被加热水侧阻力损失小；直接供给生活热水的水加热设备的被加热水侧阻力损失不宜大于0.01MPa；同时满足安全可靠、构造简单、操作维修方便的要求。

W3-2-2　　　　　　　　　　　方案设计
中水、雨水、循环水以及给水深度净化的水处理宜采用自用水量较少的处理设备

自用水量指水处理设备生产工艺过程和为其他用途所需用的水量，比如常见的过滤器反冲洗水等。在实际工程中，雨水、游泳池、水景水池、给水深度处理水的处理过程中均需部分自用水量，如管道直饮水等的处理工艺运行一定时间后均需要反冲洗，反冲洗的水量一般较大；游泳池采用砂滤时，石英砂的反冲洗强度在12~15L/s·m²，如将反冲洗的水排掉，浪费的水量是很大的。因此，设计中应采用反冲洗用水量较少的处理工艺，如气—水反冲洗工艺，冲洗强度可降低到8~10L/s·m²；采用硅藻土过滤工艺，反冲洗的强度仅为0.83~3L/s·m²，用水量可大幅度减少。

W3-2-3　　　　　　　　　　　施工配合
成品冷却塔应选用冷效高、飘水少、噪声低的产品

冷却塔是用水作为循环冷却剂，从系统中吸收热量排放至大气中，以降低水温的装置，是空调水冷系统的重要设备。成品冷却塔应按生产厂家提供的热力特性曲线选定。设计循环水量不宜超过冷却塔的额定水量；当循环水量达不到额定水量的80%时，应对冷却塔的配水系统进行校核；冷却塔数量宜与冷却水用水设备的数量、控制运行相匹配；冷却塔设计计算所选用的空气干球温度和湿球温度，应与所服务的空调等系统设计的空气干球温度和湿球温度相吻合，应采用历年平均不保证50h的干球温度和湿球温度；冷却塔宜设置在气流通畅、湿热空气回流影响小的场所，且宜布置在建筑物的最小频率风向的上风侧。

W3-2-4　　　　　　　　　　　施工配合
车库和道路冲洗应选用节水型高压水枪

水通过水泵吸入，经压缩后流经水管，最后经水枪射出，水枪通过控制出水嘴的流量来控制水的分散大小，这样就构成水的喷射，能将污垢

剥离、冲走，达到清洗物体表面的目的。高压清洗也是世界公认最科学、经济、环保的清洁方式之一。从建筑节水角度分析，使用节水型高压水枪对车库、道路进行冲洗，是目前较为节水的一种方式。

洗衣房和厨房应选用高效、节水的设备

节水型洗衣机是指以水为介质，能根据衣物量、脏净程度自动或手动调整用水量，满足洗净功能且耗水量低的洗衣机产品。产品的额定洗涤水量与额定洗涤容量之比应符合《家用电动洗衣机》GB/T 4288-1992中5.4的规定。而厨房在建筑中也是"用水大户"，可以通过选用加气水嘴，选用节水型洗碗机，设置非接触式开关控制水嘴，"一水多用"等措施，实现厨房节水目的。

W4

非传统水源利用

W4-1
污水再生利用

污水再生利用为污水回收、再生和利用的统称，包括污水净化再利用、实现水循环的全过程。水资源本身就具有可再生的特性，而建筑生活污水是水量稳定、供给可靠的一种潜在的水资源。因此，污水的再生利用是开源节流、减轻水体污染、改善生态环境、解决城市缺水的有效途径之一。

W4-1-1 　　　　　　　　　　方案设计
应因地制宜确定再生水利用方案

根据国务院《水污染防治行动计划》（以下简称"水十条"）规定，2018年起，单体建筑面积超过2万平方米的新建公共建筑，北京市2万平方米、天津市5万平方米、河北省10万平方米以上集中新建的保障性住房，应安装建筑中水设施。

目前我国再生水利用有三种途径：市政再生水利用系统、住宅小区或建筑物自建中水再生利用系统、居民户内中水利用。其中，市政中水是从城市尺度解决水资源循环利用问题；小区中水是从社区尺度开展水资源循环利用；户内中水则是从个体家庭尺度实现水的梯级利用。

市政再生水水质标准一般达到《城镇污水处理厂污染物排放标准》GB 18918-2002中的"一级A标准"或"一级B标准"，其水质指标与冲厕用水指标不完全相同，因此市政再生水直接入户的水质也不能满足冲厕的安全要求，还需要小区内建设中水处理设施，达到《城市污水再生利用 城市杂用水水质标准》GB/T 18920中冲厕用水的规定。而小区内建设的中水处理设施，根据工程调研，由于缺少专业管理，普遍存在系统费用高、难维护、设施利用率低下等现象。

相较而言，户内中水近几年在工程项目中推广较为顺利。模块化排水及户内中水集成系统技术是将卫生间排水横支管集成为模块，集同层排水与优质杂排水自动收集、储存、过滤、消毒、回用冲厕功能为一体的户内循环水利用集成装置技术，水质安全卫生，满足《城市污水再生利用 城市杂用水水质》GB/T 18920冲厕用水要求，节水效率高达生活用水总量的30%以上。

W4-1-2

当再生水为自行处理时，原水应优先选择水量充裕稳定、污染少、易处理的水源

当再生水为自行处理时，中水原水的选择应根据水量平衡和技术经济比较确定。为了简化处理流流程、节约工程造价、降低运转费用，建筑中水原水应尽可能选用污染程度低、水量稳定的优质杂排水和杂排水。现行国家标准《建筑中水设计标准》GB 50336中给出了建筑中水原水选择种类和顺序：卫生间、公共浴室盆浴和淋浴等排水；盥洗排水；空调循环冷却水系统排水；冷凝水；游泳池排水；洗衣排水；厨房排水；卫生间排水。工程设计人员可结合项目实际情况，对建筑中水原水进行选择。

W4-1-3

中水用于多种用途时，应按不同用途水质标准进行分质处理

建筑中水当需要回用于冲厕、道路清扫、绿化、车辆冲洗和建筑施工用途时，处理后水质应符合现行国家标准《城市污水再生利用 城市杂用水水质》GB/T 18920的规定；当需要回用于景观环境用水时应符合现行国家标准《城市污水再生利用 景观环境用水水质》GB/T 18921的规定；当需要回用于供暖、空调系统补水时，应符合现行国家标准《采暖空调系统水质》GB/T 29044的规定；当原水为收集回用雨水，处理后水质应按照回用功能，符合现行国家标准《建筑与小区雨水控制及利用工程技术规范》GB 50400的要求；对于中水"一水多用"时，供水水质可按最高水质标准要求确定或分质供水，也可按用水量最大用户的水质标准确定，个别水质要求更高的用户可通过深度处理措施达到其水质要求。

W4-2
雨水利用

雨水利用是径流总量、径流峰值、径流污染控制设施的总称，包括雨水入渗、收集回用和调蓄排放等，具备如下功能：

（1）节水功能——将雨水用于冲洗厕所、浇洒道路、浇灌草坪、水景补水，甚至用于循环冷却水补水和消防用水，节约城市自来水；

（2）水环境及生态环境修复功能——强化雨水入渗增加土壤含水量，甚至利用雨水回灌提升地下水水位，可改善水环境乃至生态环境；

（3）雨洪调节功能——土壤和渗透设施的渗透量增加、雨水径流的储存，都会减少进入城市雨水排除系统的流量，从而提高城市排洪系统的可靠性，减少城市洪涝。

建筑与小区雨水利用是建筑水综合利用中的一种新型系统工程，具有良好的节水效能和环境生态效益。目前我国城市"水荒"日益严重，与此同时，健康住宅、生态社区正在迅猛发展，建筑与小区雨水控制及利用系统以其良好的节水效能和环境生态效益适应了城市发展的需求，具有广阔的应用前景。

W4-2-1 方案设计
雨水直接利用及其适用场所

雨水直接利用是指将雨水收集处理达标后直接利用，优先用于绿化、冲洗道路、景观用水、建筑工地用水、冷却循环水补水、冲厕和消防用水等；实现建筑节水、雨水资源化直接利用，并减少了外排雨水峰值流量和外排雨水总量。在工程项目中雨水收集利用应优先利用屋面、水面和洁净地面等下垫面雨水。经工程调研和多案例经济比较，雨水收集回用适用于常年降雨量大于400mm的地区。

W4-2-2 方案设计
雨水间接利用及其适用场所

雨水间接利用是指将雨水适宜处理后进行入渗、调蓄排放等。雨水入渗和雨水收集回用在实现了控制雨水的同时，又把雨水资源化利用，具有双重功效，一般作为雨水控制及利用的首选措施。有些场所由于条件限制，雨水入渗量和雨水回用量少，当设置了入渗系统和收集回用系统两种控制利用方式后，仍无法完成控制雨水径流量的目标，此时应设置调蓄排放系统。

雨水入渗适用于屋面、硬化地面及小区机动车道上等非严重污染的雨水。可通过下凹式绿地、浅沟与洼地、生物滞留设施、渗透池塘和透水铺装地面等表面入渗措施，以及埋地渗透管沟、埋地渗透渠和埋地渗透池等埋地入渗措施，实现将雨水渗入地下，补充土壤含水量。但应注意的是，雨水入渗不应引起地质灾害及损害建筑物安全。

雨水调蓄排放适用于控制建筑与小区内各种不透水下垫面和水面的雨水，主要用于控制小区外排雨水的径流峰值（年最大日降雨量）和径流污染，实现减小城市雨水管网排水压力负荷的目的。

W4-3
海水利用

海水综合利用产业主要包括海水直接利用、海水淡化和海水化学资源利用等三个方面[10]。从建筑节水角度，本节主要研究海水直接用于建筑冲厕，替代常规淡水资源，提高水资源利用率。

海水直接利用是指以海水为原水，直接替代淡水作为工业用水、生活用水和农业用水等有关技术的总称。目前，海水直接利用技术主要应用在三个方面：一是用作工业用水，包括海水冷却、海水脱硫、海水洗涤、海水除尘、海水冲灰（渣）、海水印染、海水化盐等；二是用作生活用水，主要包括大生活用海水（海水冲厕）、海水源热泵、海水消防等；三是用作农业用水，主要是海水灌溉。

海水淡化利用就是利用海水脱盐生产淡水。从大的分类来看，主要分为膜法和蒸馏法（热法）两大类。

海水化学资源利用是从海水中提取各种化学元素及深加工利用的统称，主要包括海水制盐、海水提钾、海水提溴、海水提镁等[11]。

W4-3-1   方案设计

对于沿海地区城市，经技术经济比较后，可采用海水冲厕替代淡水

海水冲厕是我国沿海地区现阶段海水利用的可行途径，在水资源日益短缺的今天，海水直接利用技术作为重要的开源技术，越来越受到人们的重视。大生活用海水技术是海水直接利用技术的主要组成部分，可代替沿海地区 20% 左右的生活用水。工程项目中采用海水冲厕具有一定的经济效益和社会效益，但考虑到海水本身的特性，要求工程设计人员对海水水质、海生物附着性、海水腐蚀、管道渗漏、污水处理及中水回用、室内供海水管道结露[12]等提出相应的技术措施。

W4-4
特殊水源利用

矿井水一般指煤矿在开采过程中产生的大量废水,主要包括:开采过程中地下地质性涌水;为安全生产而排出的自然地下水;井下采煤生产过程中洒水、降尘、灭火灌浆、消防及液压设备产生的含煤尘废水等[13]。矿井水既是一种煤矿特色污染源,同时又是一种宝贵的水资源。

苦咸水是指碱度大于硬度的水,并含大量中性盐,pH值大于7的水。我国苦咸水主要分布在北方和东部沿海地区。目前农村饮用苦咸水的人口有3800多万人。苦咸水主要是口感苦涩,很难直接饮用,长期饮用易导致胃肠功能紊乱,免疫力低下。选择对低盐度苦咸水淡化利用,也是非传统水源资源化利用的一项重要举措。

W4-4-1   方案设计
洁净矿井水和含一般悬浮物矿井水利用

根据现行国家标准《煤矿矿井水分类》GB/T 19223-2003的规定,煤矿矿井水按照可溶性固体含量、多数阳离子和多数阴离子的摩尔数进行分类和综合分类。根据工程证明,对于洁净矿井水和含一般悬浮物矿井水,可以通过处理后回用于矿山办公和员工宿舍等民用建筑的绿化、冲洗道路、冲厕和消防用水。

W4-4-2   方案设计
低盐度苦咸水利用

对于低盐度苦咸水处理回用,经技术经济比较后,可选用纳滤和电渗析工艺。可为偏远海岛、沿海地区及内陆苦咸水资源化利用提供经济实用、技术可行的新模式,同时也是非传统水源利用的新举措。工程设计人员可结合项目所属区域特点,选择性地对低盐度苦咸水处理回用。

W5

室内环境与空间

W5-1
设备降噪措施

建筑给水排水系统对于建筑室内环境的影响，主要是表现在设备振动和管道系统运行出现的噪声控制、排水系统异味控制和建筑空间的集约利用等方面。设备和降噪方面，主要包括从设备机房降噪、管线连接降噪以及管线敷设对于噪声的控制等内容，在工程设计中也应该采取相应措施，保证良好的室内环境，满足健康舒适的要求。

W5-1-1

需要日常运行的设备间，不应毗邻居住用房或在其上层和下层

生活给水泵房、中水泵房、游泳池机房、管道直饮水机房等需要日常运行的设备间，不应毗邻居住用房或在其上层和下层，运行噪声应符合现行国家标准《民用建筑隔声设计规范》GB 50118 的规定。由于日常运行的水泵等设备会产生低频噪声，影响人们的工作、休息和睡眠，进而危及人体健康。同时，水泵噪声有很强的穿透力，像一般建筑物的普通承重墙，水泵噪声能够轻易地穿透。因此，在工程设计中，对于给水排水主要机房的位置选择尤为重要。

W5-1-2

设备机房应采取减振防噪措施

在工程项目设计中，要从根源上降低由于水泵在运行时产生的不规则的、间歇的、连续的或随机的噪声，应采取一系列措施，比如应选用低噪声水泵机组；水泵吸水管和出水管上应设置减振装置；水泵机组的基础应设置减振装置；管道支架、吊架和管道穿墙、楼板处，应采取防止固体传声措施；必要时，泵房的墙壁和顶棚应采取隔声吸声处理。

W5-1-3 施工配合

冷却塔应采取减振防噪措施

对建筑给水排水系统和设备产生的噪声进行分析，冷却塔是噪声污染的重要源头之一。在工程项目设计中，应对冷却塔采取减振防噪措施，要求冷却塔不得布置在居住用房的上层、下层和毗邻的房间内，不得污染居住环境；冷却塔的位置宜远离对噪声敏感的区域；应采用低噪声型或超低噪声型冷却塔；冷却塔进水管、出水管、补充水管上应设置隔振防噪装置，防止固体传声发生；冷却塔基础应设置隔振装置；冷却塔设置区域应采取隔声吸声屏障。

W5-1-4 施工配合

管道连接和敷设应满足室内降噪要求

管道噪声指管道运行时因振动、内部介质流动摩擦、碰撞和扰动发生的噪声，属于主动噪声控制范围。在工程项目设计中，应从降噪角度对管道连接和敷设提出相应的要求，如要求压力提升泵出水管道设置橡胶软连接；住宅和酒店客房卫生间采用同层排水；排水管道、雨水管道不宜靠近与卧室相邻的内墙敷设，以到达健康舒适的目标。

W5-2
污废气味减排

建筑排水系统所散发的臭味是由甲硫二醇、甲硫醇、乙胺、吲哚、硫化氢等有害物质组成的气体，长期在此环境中，会使人的身体感到不舒服，并不同程度地引起神经衰弱和植物神经紊乱、胸闷、心烦等症状，危害人体健康。因此，为了营造良好的建筑室内环境，保证人体健康和舒适，在工程设计中应对建筑排水系统的异味进行有效控制。

W5-2-1 方案设计

生活污废水系统应按照现行规范要求，设置合理、完善的通气系统

通气管是建筑排水系统的重要组成部分。重力排水管不工作时，管道内有气体存在；排水时，废水和杂物裹着空气一起向下流动，使排水管道内气压发生波动，或为正压或为负压。若正压过大，则对卫生器具存水弯形成冲击，造成喷溅；若负压过大，则形成虹吸，造成存水弯水封破坏。这两种情况都会造成污浊气体侵入室内。

因此，通气系统可以保护排水管中的水封，防止排水管内有害气体进入室内，维护室内环境卫生；同时，能够排除排水管内的腐气，延长管道使用寿命、降低排水时产生的噪声和增大排水立管的通水能力。

W5-2-2 方案设计

中水处理机房、污水泵房、隔油器间等应通风良好，保证足够的换气次数，设置独立的排风系统

中水处理机房、污水泵房、隔油器间等是建

筑排水系统最容易产生异味的机房，要控制异味的扩散、保证良好的建筑室内环境，要求按照现行规范要求，对上述机房设置机械通风系统，并保证足够的换气次数，排气口高空排放，避免对周围环境的影响。

W5-2-3
应选择符合产品标准的优质地漏

地漏，是连接排水管道系统与室内地面的重要接口，作为建筑排水系统的重要部件，它的性能好坏直接影响室内空气的质量，对卫浴间的异味控制非常重要。其产品质量执行现行国家标准《地漏》GB/T 27710-2011。工程项目设计中，地漏应优先采用具有防涸功能的产品；食堂、厨房和公共浴室等排水宜设置网框式地漏；在无安静要求和无需设置环形通气管、器具通气管的场所，可采用多通道地漏；带水封地漏水封深度不得小于50mm；严禁采用钟罩（扣碗）式地漏。

W5-3
设备空间集约

给水排水机房布置，应在满足现行相关规范要求以及保证系统合理的前提下，合理布局、节约集约利用建筑空间。相对合理的机房布置，需要设计人员在设计过程中与建筑师密切配合，通过多次互相提资和妥协，才能实现目标。另外，水泵和水箱等设施的布置，应考虑日常检修和施工安装空间，具有可操作性。

W5-3-1　　　　　　　　　　方案设计
主要设备机房的布置应满足建筑使用功能，避开有商业价值的区域

给水排水主要设备机房一般均考虑布置在地下室，对于建设方而言，地下一层可以考虑设置商业店铺等容易获得经济效益的区域，在布置机房时，则应注意避让具有商业价值的区域，以便配合建设方获得相应的商业利益，进一步实现建筑的商业价值。

W5-3-2　　　　　　　　　　方案设计
消防水池可以利用不规则空间实现储水功能

如何实现高效利用一些不规则的建筑空间，也是建筑师比较苦恼的问题。消防给水机房的设置除应满足现行规范要求外，钢筋混凝土消防水池可以利用不规则建筑空间实现储水功能，满足建筑空间集约使用要求。不规则的钢筋混凝土水池，需要给水排水专业与土建专业密切配合，进行相应的结构计算，保证其能够安全使用。

W5-3-3 方案设计

水箱、设备和泵组的布置应考虑与建筑布局紧密结合

　　水箱、设备和泵组的布置应考虑与建筑布局紧密结合，在布置时合理避让结构柱、建筑分隔墙等障碍物，按照规范要求尺寸预留检修通道，满足安装和检修、使用要求，实现机房布置合理，集约高效利用建筑空间。另外，水箱尺寸应按照相应的模数进行设计，避免出现非标尺寸，便于日后采购安装。

注释

[1] 国家外贸部. 我国城市居民能源消费现状[J]. 能源工程，2002（1）：48.

[2] 薛志锋. 商业建筑节能技术与市场分析[J]. 清华同方技术通讯，2000（3）：70-71.

[3] 郑瑞澄. 太阳能建筑应用发展方向和对策[J]. 建设科技，2006（23）：54-58.

[4] 齐贺年. 水环热泵系统研究分析 [D]. 西安：西安建筑科技大学，1997：1-3.

[5] 吴桂炎，陈观生. 热泵回收炉灶排气余热的实验研究[J]. 机电工程技术，2004，33（7）：91-91.

[6] 李荻. 利用工业余热解决城市供暖瓶颈[J]. 城市建设理论研究，2013（09）：804.

[7] 付婉霞，刘剑琼，王玉明. 建筑给水系统超压出流现状及防治对策[J]. 给水排水，2002（10）：48-51.

[8] 赵锂，刘振印，傅文华，等. 热水供应系统水质问题的探讨[J]. 给水排水，2011，37（7）：55-61.

[9] 金听祥，张彩荣. 冷凝水在家用空调中回收利用技术的研究进展[J]. 低温与超导，2016（1）：41-45.

[10] 杨尚宝. 关于我国海水淡化产业发展的几点看法[J]. 水处理技术，2016（10）：1-3.

[11] 中国海洋在线，http：//www.oceanol.com/zhuanti2016/xzhy111/.

[12] 邢秀强. 海水冲厕技术存在的问题及解决措施[J]. 中国给水排水，2007，25（10）：5-8.

[13] 尹晓峰，韩志强，陈现明，马艳玲. 煤矿矿井废水处理回用工程实例[J]. 舰船防化，2009（02）：48-51.

方法拓展栏

方法拓展栏

☐

○

☐

○

☐

○

☐

○

☐

○

☐

○

☐

○

☐

○

☐

○

☐

○

☐

○

☐

○

项目 世园会中国馆　　摄影 张广源

H1 — H6

暖通专业

HVAC

理念及框架

绿色建筑通常是指在全寿命周期内，保护环境，节约资源，为人们提供健康、适用、高效的使用空间，最大限度地实现人与自然和谐共生的高品质建筑。随着时代科学技术的进步和社会环境的变化，绿色建筑越来越受到广泛关注与政策支持。在绿色建筑评价体系中，暖通专业主要落实"节能与能源利用"和"室内环境质量"两部分内容。

暖通专业的"节能与能源利用"，指从工程项目具体的需求出发结合建设地的能源条件，搭建适合的能源框架；在经济技术分析合理的前提下，利用可再生能源、蓄能系统，选用高效的供暖空调设备，降低系统的运行能耗。

暖通空调系统的用能应该从需求出发，用能环节包括能源系统、输配系统及末端设备三部分。能源形式的选择及合理配置关系到系统的安全性、稳定性，输配系统设计是水力平衡的保障手段，末端设备是营造室内环境的最直接环节。三者协同作用、不可分割，共同构成暖通空调系统的能耗，其中能源系统和输配系统的能耗占较大比例，也具备更大的节能潜力。

"室内环境质量"包括室内声环境、室内光环境、室内热湿环境和室内空气质量四个方面。与暖通专业相关的主要是后两者，具体包括温度、湿度、二氧化碳浓度和室内污染物浓度等。

室内环境的营造是实现建筑使用功能的关键保障，也是绿色建筑"以人为本"原则的重要体现。暖通空调系统对室内热湿环境的影响是通过设计参数的选取和末端形式的配置来实现的，二氧化碳及室内污染物浓度的控制则需要末端设置空气过滤、净化装置来实现。

暖通空调系统是构成建筑用能的重要组成部分，也是营造室内环境的必备环节。室内环境质量是暖通空调系统设置的先决条件，室内设计参数标准的高低对于能源消耗同样有着一定的前置影响。"节能与能源利用"和"室内环境质量"是相互关联、相互作用、有机统一的整体，共同构成绿色建筑暖通设计的框架。

本导则秉持舒适性和节能性相结合、能源利用和环境保护相结合的原则，依照标准规范、科研文献和工程经验总结，从人工环境、系统设施、能源利用、气流组织、设备用房、控制策略几个方面对绿色建筑暖通技术进行阐述。力求通过简洁全面的描述，在绿色建筑设计的各个阶段提供指导。

H1

人工环境

H1-1

温湿度需求标准

室内环境标准是构建健康、节能、绿色建筑中不可缺少的重要指标，也是系统设置的前置条件。在项目的实施过程中涉及室内供暖与通风、空调、防潮与隔声、采光与遮阳等多方面。本章节针对不同的标准提出相应技术要求、控制指标。室内环境应以人为本，将环境质量等级与人员期望水平有机结合；以不同群体的共性与个性为基准点，依据不同气候区、不同建筑类型，从适合、安全、健康、舒适等多维度与多层次出发，合理确定室内环境标准。

H1-1-1　　　　　　　　　　　方案设计

因地制宜，从使用功能需求出发确定室内环境标准

温湿度设计标准应根据建设地的气候条件、房间功能需求并结合使用方或建设方意见确定。在满足现行的国家规范、行业推荐标准的前提下，综合建筑方案特点因地制宜地落实。对于建设在山区、海岛以及现行规范中室外设计参数条件不能涵盖的区域应做现场踏勘调研工作，具体数据可按规范推荐的公式计算确定。

H1-1-2　　　　　　　　　　　技术深化

对于非特殊要求的空间，采用较低的热舒适标准

除特殊要求、敏感及弱势人群的高室内环境品质和高期望水平外，其他的可采用规范标准的中、低档推荐值。对于典型设计日室外计算温度与室内计算温度差值大、人员长期停留区域的室内参数应采用《民用建筑供暖通风与空气调节设计规范》GB 50736-2012人员热舒适度表3.0.2中Ⅱ级标准。对于非人员长期停留的过渡空间可适当在原有标准上将夏季提高或将冬季降低1~2℃。建筑冬季采用冷却塔供冷的内区，可以考虑一定的不保障率，办公建筑内区室温可按照24℃计算显热，商业建筑内区按照23℃计算显热。

H1-1-3　　　　　　　　　　　技术深化

共享空间优先控制室内温度场

共享空间（中庭、连接通廊、部分室内外连通的灰空间）是串接各类主题活动区的"枢纽"，区域温湿度标准根据空间功能不同而具有差异

性，应结合末端设施进行气流组织优化。此空间优先控制人员活动区的室内温度场，有条件的可采用温度、湿度独立控制系统。对于夏季室外计算湿球温度、通风温度参数较低的气候区，充分利用自然通风，优化建筑开口条件，复杂的项目采用CFD数值模拟计算作为技术支撑，从而有效减少人工能源的使用时间。

（1）夏热冬暖以及温和气候区，可广泛应用遮阳措施、借助通风良好的半室外空间，除针对特定点位的温湿度微环境设置的岗位送风系统以外，其余空间可视为是室内外环境的过渡区，不进行温湿度控制。

（2）严寒及寒冷地区，优选少透明屋面、少玻璃幕墙应用的设计方案。确有需求时应进行围护结构节能措施的优化。采暖系统优选以辐射供暖为主导；当有快速加热需求且气流组织设置合理的空间可采用热风供暖。对于高大空间推荐多种系统形式相结合，通过分层空调、岗位送风等技术手段在保证人员热舒适度的前提下有效降低室内垂直温度梯度，减少无效的空间能量输入。

气流组织形式可采用侧向下15~30°角送风、同侧（异侧）下回风、服务区岗位送风、大空间下送风。任何送风方式应确保室内空气品质不受人为二次污染。

H1-1-4 技术深化
有恒温恒湿需求的室内空间应确保系统设置的有效与节能

对于有明确恒温恒湿要求的室内空间，如珍品、善本书库，丝织品书画库，胶片等音像制品库，对外租用的银行业代保管库，应按照规范要求的温湿度及控制精度落实，为确保系统设置的有效性和运行的节能性，这些功能房间应布置在地下水位低的地下室或以回廊围合成的内区空间。空调系统应独立设置，并在检修区设置专用设备机房，必要的可设置备用机组。

H1-1-5 技术深化
室内游泳馆、水上乐园室内湿度控制更重要

带有观众看台区的甲乙级室内游泳馆、跳水馆，水上乐园戏水区，室内滑冰场上部空间湿度控制优先，室内相对湿度控制在70%以下或室内空气露点温度控制在壁面温度以下。可采用升温除湿、降温除湿、调温除湿、通风除湿等多种技术措施进行室内相对湿度控制。室内围护结构防结露计算、复合型围护墙体内表面温度计算是保障此类项目中满足室内卫生条件的基本工作内容。

H1-2
空气品质健康化

室内空气品质与人员健康息息相关，良好的品质是人工环境营造的关键目的和重要指标。自然通风无法满足室内卫生需求时，应设置新风系统。除特殊地区外新风能耗在空调系统运行能耗中占有较大比例，因此人员密度及新风量指标的选取对于降低建筑能耗具有重要意义。室内污染物通常可采取通风、过滤、吸附、净化等技术手段完成，最终达到健康的空气品质标准。

H1-2-1　　　　　　　　　　技术深化
通过人均新风量标准和人员密度值的确定实现新风的合理量化

　　1. 人均新风量标准

　　人员经常停留的室内空间，不满足自然通风条件或者空气品质无法达到《室内空气质量标准》GB/T 18883和《民用建筑室内环境污染控制规范》GB 50325中的卫生标准的功能房间应设置新风系统。混合送风的新风量标准应满足《民用建筑供暖通风与空气调节设计规范》GB 50736及现行的专项建筑设计规范的要求。采用置换送风时由于送风直达人员活动区，空气龄短，可适当降低新风量标准。

　　2. 人员密度值的确定

　　人员密度除业主提供的建造标准以外，可通过以下途径获得：参照《公共建筑节能设计标准》GB 50189典型节能建筑中人员密度及推荐作息时间表落实；参照建筑定额规定中的功能房间人员占用的面积落实；参照专项建筑设计规范的要求落实。对于出租使用、未来发展空间或者可变功能空间的人员密度及新风量标准原则上应按照高标准落实所有土建条件。使用阶段根据需求通过台数调节、变频等措施，实现可变新风量运行。

H1-2-2　　　　　　　　　　技术深化
通过除尘、杀菌、净化等技术措施使空气品质满足标准要求

　　对于室内氨、甲醛、苯等挥发物，氡等有害污染物浓度从源头开始进行严格控制。浓度目标值应低于《室内空气质量标准》GB/T 18883标准值。可吸入颗粒物的净化措施应针对建设地点室外空气与室内污染源的具体情况进行分类净化处理。室内空气净化后的PM2.5 年平均浓度低于25ug/m³，并且PM10年平均浓度低于50ug/m³。除此之外还有一些健康宜居类的技术指标可作为参考。

　　在明确建设地室外空气污染物浓度数值、室内污染源类型的前提下，根据差值选择采用的技术手段。例如，通过室内污染源头控制法、通风换气稀释、空气过滤或净化等方式来降低室内污染物浓度，满足健康卫生标准。

　　污染物源头集中的区域或者高浓度区域，应优先采用有效隔离手段配合设置局部通风系统，来减少污染物在室内进一步扩散。

　　通风量的确定：应以室外空气的污染物浓度为基准计算稀释或除去室内产生的污染物所需要的通风量与稀释或除去建筑物室内装饰材料产生的污染物通风量，取两者的较大值。

　　新风的过滤：室外空气品质优良，周围环境

没有大量发尘源的地区，新风系统可以采用粗效过滤G4、中效F5~F7过滤级别。若情况相反，新风系统应设置粗效过滤、中效以至H11高效过滤级别。系统的过滤器处理风量应满足不同季节可变新风量的使用需求，过滤器的风阻力应设自动压差监测控制。

室内空气净化：对于室内空气质量标准高的可以增设空气净化处理设施，包括末端设备的新风、循环风净化处理功能段，移动式空气净化器，等等。设施通过电离、分解、吸附、化合等物理化学方式对室内空气进行净化处理。常用的产品类型有高压电离式、纳米吸附、紫外线杀菌等。

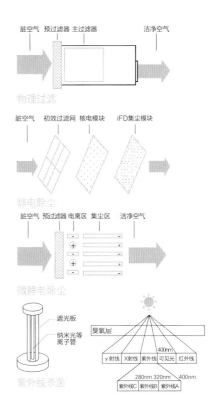

办公建筑室内空气质量标准表

参数名称	卫生标准		国家标准	
	参数指标	测试条件	参数指标	测试条件
CO_2	≤1000ppm	即时	≤1000ppm	24h均值
可吸入颗粒物	≤0.15mg/m³	24h均值	≤0.15mg/m³	24h均值
细菌总数	≤4000cfu/m³（撞击法） ≤45cfu/皿（沉降法）	即时	≤2500cfu/m³（撞击法）	即时
NO_x（NO_2）	≤0.10mg/m³	24h均值	≤0.24mg/m³	1h均值
O_3	≤0.10mg/m³	1h均值	≤0.16mg/m³	1h均值
SO_2	≤0.15mg/m³	24h均值	≤0.5mg/m³	1h均值

旅馆建筑室内空气质量标准表

项目		3~5星级饭店、宾馆	1~2星级饭店、宾馆和非星级带空调的饭店、宾馆	普通旅店招待所
二氧化碳，%		0.07	≤0.10	≤0.10
一氧化碳，%		≤5	≤5	≤10
甲醛，mg/m³		≤0.12	≤0.12	≤0.12
可吸入颗粒物，mg/m³		≤0.15	≤0.15	≤0.20
空气细菌总数	cfu/m³（撞击法）	≤1000	≤1500	≤2500
	cfu/皿（沉降法）	≤10	≤10	≤30

住宅室内空气质量标准

项目	限值
氡	≤200Bq/m³
游离甲醛	≤0.08mg/m³
苯	≤0.09mg/m³
氨	≤0.2mg/m³
总挥发性有机化合物（TVOC）	≤0.5mg/m³

H2

系统设施

H2-1

优化输配系统

根据常用的输送介质，输配系统可分为水系统和风系统两类，对应的输送设备分别为水泵和风机。作为连接源侧与末端的中间环节，输配系统在空调系统中的地位至关重要，其能耗也是不可忽视的重要组成部分。设计规范、节能标准以及绿色建筑评价体系中对水泵、风机的分级能效、系统耗电输冷（热）比、单位风量耗功率提出了限制要求。

H2-1-1　　　　　　　　　　技术深化

采用高效水泵，降低水系统输送能耗

水泵作为建筑冷热源输送系统中的核心设备，运行是否在高效区、水泵本身效率高低都直接影响运行能耗。在设计中应采用国家认定和推广的高效节能产品。设计阶段参数及能效技术指标应满足《清水离心泵能效限定值及节能评价值》GB 19762中二级以上标准。系统运行时设备工作状态处于最高效率的±10%的高效区，当采用多台水泵并联运行时应在Q-H曲线上进行水力工况复核。水系统中耗电输冷（热）比应符合现行国家标准《民用建筑供暖通风与空气调节设计规范》GB 50736以及地方标准的有关规定。系统设计针对输送管网的设置、水阻力计算、平衡措施优化，可以使耗电输冷（热）比优于现行限制值20%。

H2-1-2　　　　　　　　　　技术深化

采用高效风机，降低输配能耗

工程项目中平时使用的通风设备（含空调系统送风、回风，机械通风系统的排风机、进风机），数量极其庞大，风机效率直接影响建筑运行的整体能耗。

高效风机是指其效率达到或高于国家现行标准。设计中推荐选用《通风机能效限定值及能效等级》GB 19761中能效等级二级以上的产品。多台风机并联运行时，设备选型的工作状态应处于高效范围，并在Q-H曲线的最高点的右侧下降段上，从而保证风机工作的稳定性和经济性。对于有噪声要求的通风系统，应尽量选用转速低的风机，并根据通风系统噪声和振动的产生及传播方式，采取相应的消声和减振措施。

高海拔区以及空气密度与标准空气密度差异

大的建设地，项目风机设备的风量数值应做相应密度修正。

H2-1-3　　　　　　　　　　　技术深化
水泵、风机可按系统需要采用变频技术，降低部分负荷时运行电耗

变频是通过改变电源频率的方式来实现控制的技术，变频技术和微电子技术的结合构成了变频器的核心。变频设备的应用可以使部分负载运行时的耗电量呈级数降低，减小设备损耗，延长设备使用寿命。

下列空调系统的循环水泵宜采用自动变速控制[1]，变频水泵的变频范围应能满足系统安全运行要求和系统流量、扬程变化的要求：①冷机采用变流量调节方式，冷水循环泵可变流量运行；②二级泵、多级泵的变流量系统循环水泵；③采用水–水或汽–水间接换冷、换热系统的循环水泵；④变频定压补水泵。

下列空调、通风系统的通风机宜采用自动变速控制[2]，变频范围应能满足系统安全运行要求和系统流量变化、风压的要求：①变风量系统的空调送风机、回（排）风机；②通过控制逻辑可以实现可变新风风量的送风机以及对应的排风机；③风量大于10000m³/h，服务于商业建筑的空调机组；④无法实现台数控制的厨房排油烟系统风机；⑤其他根据使用功能需求确定的通风机。

变频器的选择：低压通用变频输出电压为380~650V，输出功率为0.75~400kW，工作频率为0~400Hz，主电路采用交–直–交电路。在选用变频器时，只需按照工程负载类型和特性满足使用要求，尽量做到量才适用、经济实惠。

变频设备的配电容量应能适应设备运行工况。

H2-2
核心设备能效提升

冷热源机组能耗约占空调运行能耗的50%~60%。采用高效冷热源设备，可显著降低暖通空调系统的能耗，尤其是综合部分负荷性能系数的降低效果更为突出。现行规范中对电机驱动的蒸汽压缩循环冷水（热泵）机组，直燃型和蒸汽型溴化锂吸收式冷（温）水机组，单元式空气调节机，风管送风式和屋顶式空调机组，多联式空调（热泵）机组，燃煤、燃油和燃气锅炉等主要核心设备能效值均有明确的限制值要求。

H2-2-1　　　　　　　　　　　技术深化
合理确定冷热源机组容量，适应建筑满负荷和最低负荷的运行需求

施工图设计阶段空调供暖系统应对每个房间进行热负荷计算，夏季针对房间逐时、逐项冷负荷进行计算，并统计综合最大值。杜绝指标估算、房间最大值叠加、主机容量放大等做法造成

的偏差。对于大型综合体建筑，以及功能有差异的建筑群，在满足使用需求的前提下，确定同时使用系数，合理有效降低装机容量是非常必要的。从用户侧出发合理配置机组容量、台数，力争做到设备长时间在高效区运行的同时满足建筑不同季节、时段的负荷需求。

选择高效冷热源设备，提高运行综合能效

冷热源机组能效均应优于现行国家标准《公共建筑设计标准》GB 50189 的规定以及现行相关国家标准能效限定值的要求。使用季节中负荷数值稳定，变化不剧烈的可以选择COP（Coeffilient of performance，性能系数）、EER（Energy Efficiency Ratio，能效比）值高的产品；使用期负荷变化幅度大，长时间处于低负荷时段运行的，可选择变频、磁悬浮或其他IPLV（Integrated Part Load Value，综合部分负荷性能系数）数值高的产品。

采用变制冷剂流量多联设备，降低运行能耗

变制冷剂流量多联机系统是风冷模块设备的一种，是无水冷却的一种系统形式。设备可以夏季供冷、过渡季节、冬季（辅助）供热；具有较高的IPLV值，产品配套提供控制系统；管路为氟汽、氟液管，占用空间小；便于分期建设，灵活使用；可以通过软件实现末端设备电费计量、自动控制。变制冷剂流量多联机系统适用于中小型建筑，同时设备运行受室外空气温湿度影响明显，在寒冷、严寒地区冬季供热COP值不宜低于2.0。

水环多联设备可以将建筑项目内区的余热通过管路有效传递至有供热需求外区，因此多数时段可实现整体建筑内的冷热需求自平衡，减少常规分区设置系统时的运行能耗，降低外部能源的输入量。

采用磁悬浮设备，降低运行能耗

根据AHRI 550/950—2011标准，磁悬浮离心机组应满足满负荷COP为6.05，机组的综合能效比IPLV推荐值为11.1。

磁悬浮制冷技术在国内发展相对缓慢，但其部分负荷运行时出色的节能性能备受关注。工程中应用的磁悬浮产品主要为中小制冷量的机组，对于大容量机组来说，建议采用常规变频离心式冷水机组或采用磁悬浮冷水多机头组合的方式。

对于市场上的磁悬浮冷水机组的设计优化点应区别对待，部分产品以最大制冷量为优化点，部分产品以组对效率为优化点，应以项目需求为出发点选择适用机型。

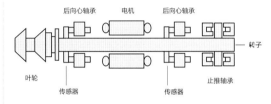

磁悬浮轴承

设备选用能效等级满足或高于相关规范节能评价值的产品

冷热源设备及末端设备性能参数应满足或优于现行标准的限制值。选用《单元式空气调节机能效限定值及能源效率等级》GB 19576、《冷水机组能效限定值及能源效率等级》GB 19577或《房间空气调节器能源效率限定值及节能评价值》GB 12021.3节能型及以上的产品。空调（采暖）系统冷热源机组的制冷能效比（或制冷性能系数）和锅炉的热效率应满足《公共建筑节能设计标准》GB 50189中的有关规定。在提升产品性能的同时坚持技术适用性与经济合理性共存的原则。

H2-3
能量回收技术

热回收技术是指回收建筑内或系统内的余热（冷）或废热（冷）并把回收的低品位的热（冷）量，经过品质提升加以利用，是节约能源、降低建筑整体能耗的有效措施，也是节能设计标准和绿色建筑评价体系中推荐的技术手段。

H2-3-1
同时具有供冷供热需求时可应用冷凝热回收技术，提高能源综合利用率

冷水机组在供冷的同时产生大量的冷凝热，通过冷却塔或风冷冷凝器排至室外。回收此部分热量用于水或空气的预热，既可节约能源、降低对周围环境的影响，又可减少散热设备投资、降低能耗。冷凝热回收技术适用于同时需要提供冷量和热量的项目，例如酒店供冷季节与全年生活热水预热系统、适合大型商业综合体应用的水环热泵系统。

1. 热回收冷水机组

热回收冷水机组设置两个冷凝器，分别是热回收冷凝器和标准冷凝器。压缩机排出的高温气态制冷剂流向热回收冷凝器，将热量传递给其中的水流后，再进入标准冷凝器。通过控制进入标准冷凝器的水温或流量，可以调节热回收量的大小。热量回收作为制冷过程的副产品，不应以降低制冷量或制冷效率为代价。当热水出水温度过高时会降低冷水机组制冷效率，甚至影响设备运行的稳定性，在设计选用时应予以注意。机组在部分负荷下运行时，热回收量随制冷量的减少而减少，可控制热回收冷凝器热水的回水温度不变，使出水温度降低，此时热水（冷却水）的平均温度降低，冷水机组制冷效率相对较高。若采用控制热水供水温度的方案，则热水（冷却水）的平均温度较高，造成相反的效果。

2. 热回收风冷热泵机组

热回收风冷热泵机组是以空气为源体向其吸收或放出能量，在常规风冷热泵机组的基础上，采用热回收技术，设置双压缩回路、平衡换热器等设施，可以实现供冷、供热、同时供冷供热，以及附属提供少量生活热水。在制冷工况下冷凝热回收后机组同时供冷供热，设备COP值大幅度提升，结合低品位能源的合理应用可实现能源综合利用率大幅度增加。适合除严寒地区外，热舒适性要求较高的中小型建筑使用。

H2-3-2
根据建筑功能及所在地气候条件、运行时长综合判断排风热回收的适宜性

采用配置排风能量回收功能段的新风处理机组，新风与排风在机组中的热回收段内进行能量交换。按照被回收能量的类型，装置可以分为显热回收器和全热回收器。

项目设计中应根据建筑功能、室内温湿度设计参数及建设地所在气候区，判断采用集中新风、排风热回收系统的适宜性以及热回收的方式。寒冷及严寒地区适宜选用显热回收方式，并应对排风结露与否进行校核计算，必要时采取新

风预热措施。夏热冬冷地区则宜采用全热回收方式。相关研究表明：严寒及寒冷地区、夏热冬冷地区热回收系统有一定经济效益，夏热冬暖地区热回收系统经济效益欠佳。总体而言，热回收装置适合送风、排风温差大（焓差大），系统运行时间长的项目，冬季能量回收的节能效果更为显著。热回收装置在其他不适合热回收系统运行的季节，可采取设置机组内（或机组外）旁通的方式调整为进、排风直流系统。

H2-3-3 技术深化
烟气余热回收技术的应用

与煤、油等燃料不同，现在大量应用的天然气燃料中氢元素含量很高，燃烧生成的高温烟气中携带大量水蒸气，这其中蕴含了大量可利用的烟气余热和水蒸气潜热。

按照热交换器的类型，燃气锅炉烟气余热回收装置可分为接触式换热、间壁式换热和蓄热式换热三种回收方式[3]。

蓄热式换热器通常应用在大型燃煤电站锅炉的空气预热器中。

间壁式烟气余热回收装置的冷热介质被一层固体壁面隔开，不互相接触，通过间壁进行热交换。换热器需要采用耐腐蚀钢材延长使用寿命。此种形式较为常用，适合多数蒸汽锅炉及高温热水锅炉。

随着"烟气消白"的广泛实施，烟气余热回收从前期的使用烟气冷凝器收作为锅炉给水预热，转换为两级余热回收设施，增设烟气溴化锂热泵机组，从而使排出的烟气温度可能降低至30℃左右，大幅度降低了烟气排出带走的能量。

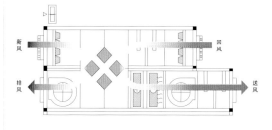

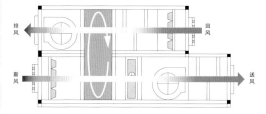

排风热回收

H2-4
自然通风系统

适宜的自然通风设计，可以有效减少人工能源的应用，合理降低运行费用。通风时优先考虑采用自然通风消除建筑物余热、余湿和降低污染物浓度。当自然通风不能满足要求时，设置机械通风系统或两者相结合的混合式通风。建筑自然通风应按照气候潜力、区域设计、建筑单体设计、通风冷却应用、组件选用、控制策略、节能评估七个环节，进行合理规划设计。

H2-4-1
结合建筑所在地区气候及污染源情况，评估自然通风的适宜性

自然通风的进风口应远离污染源与噪声源，并应考虑临近建筑污染物排放的影响，应根据建筑所在地区典型气象数据进行潜力预测。

拟采用自然通风设计时，可使用计算软件（CFD）进行风环境模拟，对建筑群内的风场微环境进行预评，并根据模拟结果选取适宜的迎风面正压区设计通风开口。考虑建筑多个房间连通条件下的自然通风节能效果，应借助能耗计算软件进行自然通风全年模拟与分析，确定项目所在地点气候条件是否适宜自然通风系统。

结合建筑方案评价系统可实施性：依照《民用建筑供暖通风与空气调节设计规范》GB 50736，建筑方案是否具备有效的通风条件及开口位置是重要的技术指标：

①利用穿堂风进行自然通风的，其迎风面与夏季主导风向宜呈60～90°，且不应小于45°，同时应考虑可利用的春秋季风向，以充分利用自然通风；②建筑群宜采用错列式、斜列式平面布置形式；③两建筑互相遮挡时，其间距宜大于0.7倍较高建筑的高度。

H2-4-2
根据气候区及建筑功能落实自然通风措施

对于湿热地区，高层建筑的最底部的几层宜设置架空，建筑中部宜设置空中花园或利用避难层增加风压通风效果。

有大空间且大高差的建筑，应设置上部与下部的通风开口，形成热压通风，如公共建筑中庭、封闭体育馆内部大空间等。夏季自然通风应采用阻力系数小的设施。

以居住功能为主的建筑，自然通风区域与外墙开口或屋顶天窗的距离宜较近。

优化改善进深过大的内部通风，可设置开敞天井或庭院，或利用楼梯间设计太阳能烟囱，由热压效果产生有效通风，防止倒灌。

人员密集的小型房间，如教室、会议室，应优先考虑采用穿堂风设计。在无法实现对侧开窗时可采用临侧开窗，或采用窄高窗、高低窗的单侧开窗设计。

有条件的可结合建筑设计，合理采用被动通风技术强化自然通风，如捕风装置、屋顶无动力风帽装置、太阳能诱导通风等方式。

自然通风的空气从上游流向下游时会导致下游区域的空气质量和热舒适性下降。气流组织方向应由清洁区域向污浊区域流动。

H2-5
免费供冷应用

对于冬季或过渡季存在供冷需求的建筑，可利用冷却塔提供冷水。冷却塔免费供冷指的是在常规空调水系统的基础上增加部分管道及设备，当室外湿球温度低于某设定值时，关闭制冷机组，用流经冷却塔的循环冷却水直接或间接向空调系统供冷，以达到节能的目的。

H2-5-1   方案设计

根据负荷确定冷却塔的台数及水泵的设置，细化技术方案

根据设计文件核定项目内区总冷负荷，可根据容量确定冬季免费供冷启用的冷却塔台数，并采取适当的冬季运行防冻措施。

冬季供冷的低温冷却水循环泵、冷水循环泵，有条件的应采用原系统设备配置变频装置，当必须新增循环泵时不设置备用设备。

风机盘管可按照高档风速对应的风量、干盘管工况校核计算。冬季内区办公房间室内设计温度可以按照24~25℃，内区商业功能房间室内设计温度可以按照22~23℃计算室内显热。

系统采用冷机大小搭配方式的一级泵定频用户侧压差旁通变流量系统，可参照冬季供冷的用量与机组制冷量拟合程度，将板式换热器与冷机并联，利用原冷水循环泵运行。

系统采用二级泵变流量系统的，宜采用变速变流量二级泵作为冬季冷水循环泵使用。

低温冷却水供回水温差不宜过大，以免降低系统使用率，也不宜小于2℃。应充分考虑设备配置对于水流量及温差的限制。

H2-5-2   技术深化

末端形式选择及运行策略

当采暖期存在发热量大、全年需要供冷才能满足空调区域基本舒适度的内区空间，内区冷负荷采用自然冷源供冷时，全空气空调系统可直接采用可变新风比运行方式利用室外新风消除室内余热；内区大量采用风机盘管加新风系统时，当新风量有限，不足以达到使用效果时，冬季采用开式冷却塔经换热后间接供冷，为内区设备提供降温用冷水，末端设备必须具有独立供冷水的系统条件，例如分区两管制或四管制系统末端水系统。

设置冷却塔供冷的系统应以延长冷塔供应时间、降低冷机开启时间为主要节能环节，采用冷却塔供冷工况下的房间设计标准应以保证基本舒适度为原则，室内设计温度标准可以有一定的不保证率，同样不应忽视循环水泵的高效运行。考虑冷却塔免费供冷的经济性，应与原有系统的配置有效契合，内区风机盘管宜按照夏季工况选定，并简化系统控制，最大限度减少一次投资。

H2-6
末端形式多样性

末端设备是营造室内环境的最直接环节，根据热传递的方式主要可分为对流式和辐射式两类，具体的形式则是多种多样的。选择适宜的末端形式及设备，可以实现良好的气流组织和舒适的室内环境，同时降低末端设备乃至供暖空调系统的整体能耗。

H2-6-1
采用变风量末端系统，室内舒适度高，系统灵活性好

变风量空调系统属于全空气系统的一种形式。系统由空气处理机组、风管系统、变风量末端设备（VAV BOX）、自控系统（自控系统软件，DDC控制器及各种传感器、执行器、变风量控制器、房间温控器）等组成。变风量空调系统的原理是机组采用变频送风机，与主送风管相连的VAV BOX可根据室内温度设定情况调节送入服务区的风量，以达到各个服务区独立控制的目的。

变风量系统主要优势：系统可实现分区温度控制，且区域温度场控制较好，提高了室内舒适性。室内送风量可按需提供，部分负荷时，通过风机变频运行，相应减少送风量，节约了动力消耗。系统灵活性好，易于用户根据使用需求调整末端送风位置，适用于精装修风格不确定的场所。风量全部通过空调箱的过滤段，有利于空气品质的提升。可根据空调负荷需求与室外气候条件实现可变风量以及新排风热回收运行。系统设计灵活，可以实现分区供冷、供热，且供热方式多样。

机组配电量要高于其他的末端形式的配电量。但空调机的除热除湿效果较好，过渡季节较

容易实现可变新风比运行。

采用变风量系统，需要设置空调机房，占用吊顶空间550mm，主干风管尺寸大，不利于管线综合。新风集中进行冷热、过滤净化处理，有利于设置热回收装置，通过管道送入每层空调机房，有减少服务楼层空调机房面积的可能。在室内温度不变的情况下，降低相对湿度，可以在一定程度上减少空调送风量。当有条件时宜分内、外区设置系统。变风量系统在风量调节过程中应保证系统新风量满足规范要求。低于设计风量30%的低负荷运行时，送风气流可能会出现效果不佳。

H2-6-2
采用辐射末端，可实现温湿度独立控制，避免能源过度输入

温湿度独立控制空调系统采用两套独立的系统分别控制室内的温度和湿度，避免了常规空调系统中温湿度耦合处理所带来的能源过度输入。辐射供冷末端作为显热调节的设备，处于干工况运行，大幅度减少潮湿表面，杜绝了细菌滋生的隐患。与常规空调系统相比，所需的冷源供水温度可提高8~12℃，可有效利用低品位能源，甚至由自然冷源替代。冷水由高温冷机提供时，冷机能效大幅度提高。

H3
能源利用

H3-1
自建区域
集中能源

在负荷密度高、末端用户投用率高、用户功能需求相对简单、输送能耗可控等条件下，区域集中能源系统占有较大优势。首先避免了各单体的重复能源投资建设，减轻了单体建筑运维管理的负担。大型能源站在建设中可根据用户负荷特点采取可再生能源应用、蓄能技术、变频技术、能量回收技术、分布式冷热电联供系统。为合理降低输送能耗，可采用大温差输送、多级泵系统等技术措施挖掘节能潜力，提高站内设备群控系统水平，降低运行能耗，做到系统集约化、管理专业化、服务标准化。

根据负荷特征和能源供给条件分析区域能源系统的可行性

项目能源系统的确定应充分考虑以下几项内容：

1. 项目建设地的能源政策：主要指当地的电力价格（含分时电价）、燃气价格、区域能源（供冷供热）的单价，以及各类能源相关的市政入网增容费用（如有）；建设地对可再生能源、新能源、清洁能源开发应用等补贴政策以及相应的审批流程。

2. 项目整体用能需求，以及是否分期建设、分期投用。

3. 项目建设地点的市政供给条件、远期能源规划方案。

4. 项目是否有高等级的绿色建筑设计要求或被动式建筑、近零能耗建筑设计要求。

5. 初期投资以及全寿命周期内的经济性。建设增量投资要在可接受的范围内，或项目有推广示范效应。

当建设方使用需求与区域能源的供给条件相对契合，能源服务价格合理，运维可靠的前提下，应优先考虑使用区域能源系统以降低建设方的初期投入以及运营管理难度。如果使用需求与能源供给方无法达成一致，可视其差异进行专项技术经济比较分析，选择部分投资建设还是全部自建能源系统。

H3-2
常规能源
高效应用

现在有许多项目采用常规能源系统，即市政热力冬季供热 + 电制冷夏季供冷组合的方式。此类系统模式技术成熟，管理水平要求不高，是现今正在使用的项目中占比较大的一类。

H3-2-1
具备市政热力条件时，优先使用

市政热力的合理应用包括根据不同用热需求的负荷合理设置二次换热系统，力求简约、适用，提高自动控制水平做到无人值守。二次换热系统设备应合理选配换热流道类型，选择具有高传热性能的产品。二次换热站内应设置气候补偿器、变频水泵、电动调节阀、能量计量装置等节能运行措施。

H3-2-2
采用电制冷系统时，根据负荷需求合理选择单台设备容量及台数

冷机台数及容量搭配原则：满足用户各时段使用负荷需求，并且使设备在高效区运行。原则上冷机类型、机组容量型号不宜过多，有利于提高运行维护阶段技术、产品、配件的通用性。冷水机组按照类型不同应同时满足《民用建筑采暖通风与空气调节设计规范》GB 50736、《公共建筑节能设计标准》GB 50189、《蒸气压缩循环冷水（热泵）机组》GB/T 18430等标准的技术要求。不同的绿色建筑标准级别、低能耗建筑对设备能效要求提升的比例不同，常见的为6%~12%。对于低负荷运行时间长、满载使用时间短的，可优先选用变频冷水机组、磁悬浮机组。

H3-2-3
合理地设置冷凝散热设备

冷水机组冷凝器的散热方式有水冷和风冷两种。水冷机组的散热量经由冷却水系统、通过冷却塔释放到空气中。风冷机组（整体型或分体型的机组）通过风冷冷凝器向大气中排热。机组的排热设施包括风冷空调室外机、风冷冷凝器、冷却塔等，应设置在通风良好的室外空间，附近不可有高温发热或易燃体，不得受高温气体或油污的影响。设备的位置应远离人员活动区、居住建筑的外窗以及高污染源。

H3-3
地热资源应用

根据地热能的可开采性及热源品位，可分为浅层地热和深层地热、中深层地热资源。浅层地热资源是指浅层岩土体、地下水或地表水的低温热源；深层地热资源是源自地球的熔融岩浆和物质的衰变；中深层地热资源基本是地质情况在前两者之间，可采用取水换热、不取水换热的方式。地热能属于可再生能源，在适宜的条件下予以利用，可实现较好的经济效益和环境效益。

H3-3-1　　　　　　　　方案设计、技术深化
具有相关勘察报告、经过技术经济分析确认可行，并获得政府相关部门审批的前提下，可进行浅层地热资源开发利用

依据《浅层地热能勘察评价规范》DZ/T 0225规定，浅层地热能是指通过地源热泵换热技术利用的蕴藏在地表以下200m以内、温度低于25℃的热能。地源侧有地埋管换热系统、地下水换热系统、地表水换热系统等几种取热方式。

地热开发利用需要一定的程序，各地方差异较大，尤其是地下水源取热应用。一般需要向建设地相关部门提交报批材料，并取得答复意见。

土壤（地下水源）温度较为稳定，全年波动不大，可以分别在夏季和冬季提供相对较低的冷凝温度和较高的蒸发温度。利用表面浅层地热资源作为冷热源进行能量转换，符合可持续发展的要求。在全年取热排热能量计算相对不平衡的前提下，应设置必要的辅助散热设备（冷却塔）和其他辅助热源设备。

机组可实现冬季供暖、夏季制冷，一机多用，也可通过设备配比及采用热回收机型实现四管制空调系统，特定工况下可满足少量生活热水预热用量。

1. 土壤源热泵系统

（1）可行性研究阶段

在前期方案阶段，应严格落实《地源热泵系统工程勘察标准》CJJ/T 291、《地源热泵系统工程技术规范》GB 50366中的相应要求；超过5000m²的应用项目应提供打孔区域典型位置土壤热响应试验报告；测试原理及常见的地质分析报告（图）的主要参数应包含：土壤平均温度，分层地质情况描述，成孔难易程度，测试孔的换热、换冷数据，等等。项目还应按照《地源热泵系统工程勘察标准》CJJ/T 291要求提供勘探成果，其中不可忽视的是不同岩土层钻进方法与难易程度及回填方案。当采用基础下地埋管方案时，成孔及护壁方式对持力层的影响必须明确。

地源热泵系统一般遵循的设置条件：建设地能源资源匮乏；建筑物全年耗冷量、耗热量相对平衡或设置辅助冷热源系统；单体建筑面积规模不大；有较大可设置换热器的面积并且成孔施工成本低；在埋管区周围地下没有需要保护的文物或者特殊构筑物；土壤热响应试验报告结论有利于系统设置。系统适宜设置的评价可参考《浅层地热能勘查评价规范》DZ/T 0225-2009 第5.3.2条。

地下换热管需要与负荷相匹配的设置面积，在总规划阶段要有适宜的室外场地相应对，一般

设置在绿地、地面停车场、人行步道的地面下方。在通过土建设计及施工组织、工期造价等方面进行可行性评估后，也可设置在建筑物基础下。在方案阶段，埋管间距可按照5~6m估算总用地面积。

（2）扩初设计阶段

埋地换热器的换热效果受土壤性能影响较大，土壤的热工性能、能量平衡是系统正常运行的必要技术条件。如果运行时采暖季与供冷季能耗累计值存在较大差异，导致土壤温度发生单向变化并超出范围，机组运行将偏离原设计工况。

在设计阶段应对全年取热量和排热量进行评估，可按照负荷出现的概率进行分段分比例计算。有条件的进行8760小时的计算，从而进行全年数据统计。项目需求的全年供冷、供热量（单位：kWh）数值差距大，经过计算地温波动超过规范要求的，应视差值的数值增设辅助能源。

常用地温平衡措施有太阳能地源侧补热，夏季增加冷却塔排热，在具有合理分时电价的前提下增加适量的蓄能系统等。系统用户侧最高供水温度及供回水温差有一定的合理设置范围，为有效利用低品位能源，热水出水温度不宜过高，额定供水温度为45℃，可采用辐射采暖、风机盘管等末端方式。

土壤源热泵系统存在一定的应用局限性，因此大型项目中多作为整体能源的有效补充或承担部分机载负荷。浅层地热资源的利用在有些地区可以申请政府专项补贴。

（3）施工图设计阶段

地源热泵设计应满足《民用建筑供暖通风与空气调节设计规范》GB 50736、《地源热泵系统工程勘察标准》CJJ/T 291及《地源热泵系统工程技术规程》GB 50366中相关规定。按需合理设置自动控制、机房设备的群控系统。

进一步深化完善基础数据，配置合理的内扰项工作时间表。进一步准确落实辅助能源的用量和地温平衡措施的设置标准。进一步完善全年运行策略以及能耗评价。

落实地埋孔及检测孔的设置位置，水平连管、汇管井构筑物、穿墙防水套管（穿结构底板的柔性防水套管），与总图专业、结构专业、建筑专业、岩土工程进行密切配合，完成地埋管换热器及管线设置。

（4）实施与运维阶段

地下换热管打孔施工与整体土建施工要密切配合，施工阶段要制定切实可行的施工组织顺序、场地布局，避免打孔埋管与土建结构施工同在一个作业面中。由于地埋管换热器实施后不可更换、不可拆改，因此对施工工艺和施工质量提出了更高的要求。土壤换热管的埋设应避免在冬季施工，室外温度低于−5℃时对于塑料管连接施工工艺有一定的不利影响，会给未来使用埋下隐患。

地源热泵系统一机多用，可供冷、供热，系统运行不受室外环境温度的影响，全年综合能效高。设计、安装良好的地源热泵系统，可大幅度降低供热制冷空调的运行费用。运维阶段应密切观测地源侧土壤温度波动，判断单向温度，及时发现异常情况。

2. 水源热泵系统

在我国特定的区域仍可以采用浅层地下水取水换热井加同层回灌方式实施的浅层地热能。近年因出现地下水位快速下降，地平面塌陷等不利影响，一些地区明令限制使用水源热泵系统或者需要申请特定的审查环节。

（1）方案前期阶段

采用此系统必须在方案前期阶段得到当地政府相关部门的认可，对建设用地红线内地下水类型及赋存情况，含水层分布及径流情况，地下水的补给与排泄、污染情况进行勘探。勘探报告除应涵盖以上内容外，还应提供地下水质情况、分项指标及单位出水量等数据。系统是否适宜设置，可参考规范的相关章节内容。

当建设地点附近确有可用的地热资源，在尚未取得详细的技术资料时，可暂按水井井径300mm、井深80～100m、每口井间距25m进行规划方案配合。

（2）扩初设计阶段

按照勘探的情况设置取水井及回灌井位置，依据方案设计中各功能区面积指标进行初步负荷估算，结合勘探报告的出水量及单位回灌量确定取水井及回灌井的数量。根据规划的总平面设计初步确定取水退水的管线布置路由，充分考虑取水退水输送能耗对于系统的影响，在条件可行的前提下减少管线输送距离。在此阶段应与专业公司进行技术配合，针对水井数量、取水深度、回灌方式（重力回灌还是带压回灌）以及水质处理要求等问题形成明确的结论，便于下一阶段开展工作。设计应按照《水源热泵系统经济运行》GB/T 31512中相关内容进行系统设计，运行前期评价工作。

（3）施工图设计阶段

依据建筑功能房间进行逐时逐项的空调负荷计算，落实扩初设计中所有相关细节数值、技术文件。配合总平面设计、结构专业、建筑专业，完成能源机房、室外管线排布、室外构筑物（检查井）的设计工作。机房内抽水环路应设置旋流除砂器、旋流除污器等水处理设施，按照规范列表显示具有腐蚀性的地下水换热设备采用耐腐蚀型，材质可采用316不锈钢或者钛合金，易于结垢的要设置相应的阻垢技术措施。

地下取水井、回灌井应设置水位监测。

H3-3-2　方案设计，技术深化

经勘探、经济技术分析可行的前提下，可进行深层地热的开发应用

深层地热一般指利用人工钻井直接开采利用的地热流体以及干热岩体中的地热资源，勘探深度小于4000m。按照《地热资源地质勘查规范》GB/T 11615，进行建设用地内地热资源的勘查，并对地热流体的物理性质、化学成分、微生物指标及其能量品位进行评价。根据地热流体的质量，采用梯级利用的方式，经过换热将高品位的地热资源逐级应用。第一层级：高温地热资源可经过换热提供采暖系统、冬季新风预热系统、生活热水换热系统应用（一般此类系统供水温度需要75℃以上）；第二层级：供水温度45~60℃，用于空调末端（如：风机盘管，空调机组）系统；第三层级：供水温度35~45℃，可用于低温地板辐射采暖系统、VAV末端再热系统、生活热水预热系统、水环热泵系统（水环变冷媒流量多联机系统）辅热；第四层级：水质条件满足要求的可以用于水上乐园的娱乐水系、温泉泡池补水、泳池补水系统；第五层级：水温低于23℃，采用热泵系统进行能量提升。经过多次梯级利用，尾水温度可低至10℃。

（1）方案前期阶段

规划方案阶段应深入了解项目建设用地周围的地热资源利用情况，地热资源丰富且利用形式良好的地区，项目可以有选择地应用。如果建设地域的地热资源已经到了过度开采、不合理利用的程度，系统设置应谨慎。地热流体中有毒有害的微量元素、腐蚀性酸根离子仍存在于利用后的尾水中，应回灌至原流体层，不可随意排放。

结合地热资源开发规划以及项目建设需求，进行地热资源可行性勘查。地热资源丰富但地质情况复杂、地热资源分级不明的可进行试井，根据试井的技术数据进行下一步工作。具备地热资源开发前景但是存在一定风险的地区可进行地热资源预可行性勘查。

（2）实施阶段

在已有地热资源勘查资料（含热流水质报

告）并确认技术条件可行的基础上，可开展下一步的设计工作。对于能源的梯级利用应进行多方案比选，对需求热量、流量、水温、使用时间、使用功能、能源利用的难易程度等多维度进行逐一匹配，力争做到全方位的落实。

对于热流的浑浊度、腐蚀性、毒性等水质问题进行分级处理，设备换热器材质、水处理设备的材质应满足水质条件和运行使用的要求。不满足卫生条件的热流无论温度如何均不可直接利用。

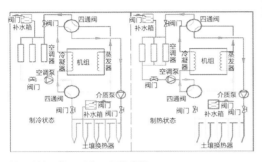

外置式地源热泵系统运行原理图

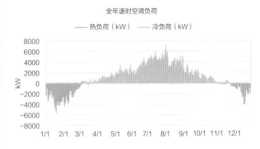

全年逐时空调负荷计算结果示意图

H3-4
蓄能系统应用

蓄能系统具有以下优势：①平衡电网峰谷负荷，节省电力系统建设投入；②利用峰谷电价政策，降低空调系统运行费用；③减少机组装机容量（夜间基载负荷不高为前提），降低主机投资费用，减少配电容量、配电设施费和空调系统电力增容费；④过渡季节或者非工作时间加班，可由蓄能系统供能，减少人工能源的开启时间，降低运行费用；⑤可作为应急冷源，在未增加投资的前提下提高系统可靠性。

H3-4-1
蓄能系统应用适宜性判断

首先，应有合理的电价差或运行时段电力优惠政策。

蓄能空调设计必须进行典型设计日逐时负荷计算。通常以冷机装机容量 x 与最大冷负荷 Q_{max} 的比值 x/Q_{max}、蓄冷率 ε、系统在负荷高峰时段释放出的冷量占总蓄冷量的比例 S 三项指标来判定蓄能系统对于某一建筑的适用性[4]。

1. x/Q_{max} 体现该建筑采用蓄能系统后在减小装机容量方面优势的大小。数值越小，说明装机容量减小得越多，制冷机的初投资也就越少。

2. 在制冷机容量确定的情况下，系统蓄冷率 ε 通常反映该系统利用低谷电的蓄能程度。

3. 在蓄冷率 ε 相同的情况下，系统在高峰时段（电价高）释放出的冷量占总蓄冷量的比例 S 越大，说明所蓄冷量的利用程度越高，系统运行费用就能降低得越多。

根据设计日逐时负荷计算，并依据负荷分布和电价政策确定合理的蓄冷（冰）、蓄热率，以及基载设备、双工况机组的容量，储能设备大小。回收期除了与项目自身性质、夜间基载负荷比例有关，还与峰谷电价差、电费单价有密切关系。大型项目要对蓄能系统的经济性进行评估。

机房设置面积应根据蓄能系统形式、蓄能率、设备尺寸、蓄能装置体积，以及设备机房荷载、设备运输条件等多方面考量。原则上应设置在建筑物的最底层。大型蓄能系统的主机房可根据需要单独建设。

H3-4-2　　　　　　　　　　　方案设计
采用固体电蓄热，蓄热设备占用空间小，蓄热能力高

固体电蓄热机组由固体蓄热体、风水换热器、高温风机、传感器及接线端子、循环水泵等组成。机组可实现谷电时段电能转换为热能存储或直接供热，蓄热温度高，储热量大；可实现智能控制，无人值守运行。功率大的可以采用10kV高压机组。与水蓄热相比，固体蓄热设备占用空间小，蓄热能力高达250kWh/m³。

运行逻辑：蓄热体将热量储存，需要供热时，高温风机运行，将蓄热体内的热量送至风水换热器，达到蓄热、供热的目的。固体电蓄热体比热大，使用寿命长；机组可实现谷电时段蓄热或直热，运行可靠、无污染，在消防方面要求较低。产品性能的核心是氧化镁蓄热砖的性能参数。

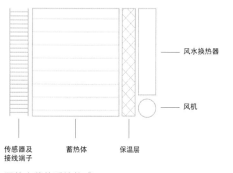

—— 风水换热器

—— 风机

传感器及　　蓄热体　　保温层
接线端子

固体电蓄热系统构成

蓄热机组节省的运行费用是建立在合理的峰谷电差价的基础上，投资回收期除考虑分时电价差还受到电费基准单价的影响。

H3-4-3　　　　　　　　　　　方案设计
采用显热蓄能，兼具蓄冷和蓄热的功能

显热蓄能技术利用物质具有一定的热容，质态不变的情况下随着温度的变化，吸收或放出热量的性能，应用最广泛的就是冷、热水蓄能技术。该技术在具有分时电价差的情况下，仅增加蓄水池，布水组件，蓄、放冷水泵（变频）以及相关的自动控制系统即可应用。

水蓄能为提高效率而采用大温差的蓄能控制方式，蓄冷温差可在10℃以上，一般低温为4~5℃。在技术可靠的前提下可以考虑两次接力制冷降温的方法，主机效率不会显著降低，冷却塔夜间使用室外环境温度优于白天，制冷系统综合效率理论值可以达到93%左右。

布水器是水蓄能系统中重要的技术设施，其样式、个数、开孔、组合方式都决定了整个蓄能罐可用于低温层厚度及罐体有效利用率。水蓄能系统造价相对低廉、使用方便，控制系统简单，利用水温度升降时的显热变化进行能量储存，可以部分沿用常规冷源机组及供热系统。在投资回收期计算中，适当的分时电价差下，常规民用项目可以稳定在3~4年。

水蓄能受水自身热容小、温差有限的限制，很难做到小体积储存大能量。在地下室设置大型闭式蓄能罐造成建造成本增加及建筑面积损失，同时由于罐体斜温层高度占比，使得这一不利影响更为突出。在室外场地设置开式蓄能罐要考虑加设避雷设施，并结合景观以及道路交通设计，以达到不破坏园区整体效果的目的。

H3-4-4 与案设计

采用潜热蓄冷，冰蓄冷的蓄能密度高

潜热蓄能利用物质相变时吸收或放出热量这一特性来储存或释放能量，常用的潜热蓄能包括冰蓄冷技术和共晶盐蓄能技术。冰蓄冷系统相对复杂，设备繁多，初投资高，在冰水转化控制方面相对复杂，融冰时间和能量曲线需要有经验的运维管理，应结合项目运营环节进行控制修正。

冰蓄冷系统需要设置高能效的双工况制冷主机、蓄冰设备、独立的乙二醇溶液系统，低温换热设备以及复杂的运行控制等。与常规的空调系统相比，可大幅增加除湿能力，实现低温送风、水系统大温差输送，特别适用于区域能源系统以及需要多级换热使用的超高层建筑。

国内外常用系统形式有静态蓄冰以及动态蓄冰方式。动态蓄冰中过冷却水稳定生成技术是冰浆冷却乃至整个蓄冷技术的核心。动态制冰的制冰效率提高，融冰速率也有所提升。两种蓄冰仅在制冰工艺上存在差别，而在二次循环系统、末端设备等方面基本通用。

一般冰蓄冷项目增加设备与储冷设施，机房结构荷载增加，机房占地面积大幅度增加，多用于新建项目，在改造项目中实施比较困难。蓄冰系统的运行费用一般高于水蓄能系统。蓄冰系统整体投资回收期（仅计算设备投资）一般为4~7年，如果包括设备安装施工成本，投资回收期会更长。回收期除了与项目自身性质、夜间基载负荷比例有关，还与峰谷电价差、电费单价有密切关系。大型项目需要对冰蓄冷系统整体进行可行性评估。

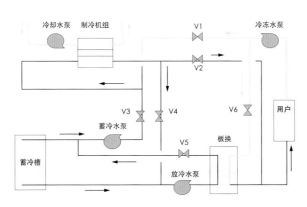

水蓄能系统原理图

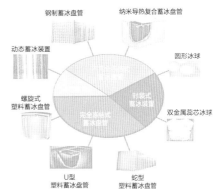

蓄冰装置的种类

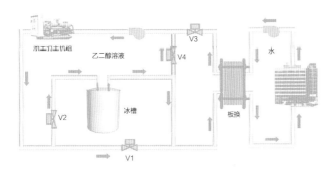

冰蓄冷系统原理图

H3-5
空气源热泵系统

空气源热泵机组可实现夏季供冷、冬季或过渡季节供热（供冷），一机多用。机组设置在室外开敞、便于维修的空间，有效地降低了主机房的占用面积。属于无蒸发耗水量的冷却技术，系统维护费用低，使用寿命长。空气源热泵的热量来源是设备周围的空气（某些地区将其列入可再生能源系统范畴），其节能程度与设备能效比密切相关。常规机组的制冷能效低于电制冷水冷系统综合制冷性能系数。空气源热泵系统适合有供冷供热需求的中小型项目，对于水资源匮乏的地区也是节水应用的一个选择。

H3-5-1   方案设计
注意落实室外设备的设置位置和散热条件

空气源热泵机组运行效率不仅受室外环境温度影响，还与室外设备的散热条件有关，应保证与系统容量相应的有效散热面积及通风量。在方案阶段应与建筑、总图专业配合确定室外机设置位置。机组位置应远离人员活动以及污染物排放区。机组运行噪声、振动，冷凝排风对临近的居住、办公建筑的不利影响应予以充分重视。在满足技术要求、保障使用功能的前提下，最大限度降低对建筑效果及景观的不利影响。当设置困难时降噪处理可采用吸音屏、声反射屏；双层隔振楼面、浮筑楼面方式可有效减弱对下一层使用空间振动的影响。在满足设备必要散热空间的前提下，可设置有利于引导气流进出的导流型叶片、型材、格栅、绿植、穿孔板材等进行视线遮挡。散热设备避免设置在空间狭小的地坑、天井、建筑山墙的夹缝，以及排油烟、锅炉烟囱的下风向。

设备位置应综合考虑空调水系统的耗电输冷（热）比的要求，合理地降低管网输送能耗，降低管线敷设的土方量以及施工难度。大型设备避免设置在结构荷载、基础刚性不能满足的轻质屋面上。

H3-5-2   技术深化
按照设计工况、设置位置，进行设备运行参数修正

重点核实室外设备设置情况是否满足技术要求，机组容量及出力应根据建设地点的室外设计温度、湿度对整体供热能力进行修正，并校核极端温度的供热能力；必要时可参考文献中的针对室外工作环境进行的融霜时间、融霜起始温度、融霜停止温度的数值模拟。

空气源热泵机组运行基本原理是卡诺循环（逆卡诺循环）。常规类型产品适用室外环境温度范围在-5~35℃，当环境温度低于-8℃时供热能力衰减明显，常规设备在无电辅热运行时大多不能满足使用需求。

超低温空气源热泵以二级压缩喷气增焓热泵系统保证机组在-25℃能制热运行。但设备制热量也会衰减，供热设备COP值近似于2.0~2.2，设备自带严格的低温保护系统。

H3-6
蒸发冷却系统

蒸发冷却空调技术是以水作为介质、利用水蒸发吸热的特性进行冷却的技术，可以独立应用或者与机械制冷、除湿等技术联合应用。蒸发冷却是一种节能、环保且具有较高经济性的冷却方式。根据水与被冷却介质是否接触，蒸发冷却技术分为间接蒸发冷却、直接蒸发冷却与复合式蒸发冷却几大类。直接蒸发冷却是等焓降温加湿的处理过程；间接蒸发冷却是等含湿量降温的处理过程，空气温度降低而含湿量保持不变，与直接蒸发冷却相比，送风温度可以更低。直接蒸发冷却、间接蒸发冷却，以及二者相结合的二级或三级冷却方式均在实际工程中取得了较好的应用效果。

H3-6-1
方案阶段应判断蒸发冷却的适用性

设计中应根据建筑的功能、规模、室内参数要求、负荷特性，结合建设地气候特征和水资源条件进行综合评判。夏季室外湿球温度及空气露点温度较低的地区适宜选用。为便于评价方案阶段的合理性，采用湿球温度作为区域划分指标。根据研究结论[5]，以夏季空调室外计算湿球温度为20℃、23℃、28℃作为分区指标的临界值，划分出四个区域，分别为通风区、高适应区、适应区及非适应区。高适应区的地理位置如：呼和浩特、阳泉、银川、张北等，直接蒸发冷却效率推荐大于85%，间接蒸发冷却效率推荐大于65%；适应区地理位置如沈阳、北京、天津、成都、贵阳等。

H3-6-2
湿球温度较低的地区采用多级蒸发冷却技术替代常规制冷系统

当湿球温度低于18℃时（例如新疆部分地区），采用多级蒸发冷却技术，有条件的可替代常规制冷系统。以出水温度20℃为界的间接蒸发冷水机组适用的地域范围基本集中在新疆、青海、西藏、甘肃、宁夏五省（自治区）之内[6]。整个系统的设置应满足《蒸发冷却制冷系统工程

技术规程》JGJ 342的相关规定。值得重视的是采用直接蒸发冷却处理空气时，水质应符合国家现行的规范标准。

蒸发冷却与温湿度独立控制系统有良好的结合性，新风承担室内湿负荷；干式风机盘管、辐射供冷盘管承担室内显热负荷。项目可根据需要采用集中式或者半集中式的系统形式。整体式蒸发冷却空气处理机组尺寸大，尤其是多级蒸发冷却机组，机房面积将会明显增加。

间接蒸发段可采用多排盘管，冷水供回水通常采用大温差系统。间接蒸发冷水机组水系统为开式系统，用户侧空调水系统为闭式系统，常以板式换热机组隔开，设备换热温差可取 1.5℃。在系统低位设置集水池或集水箱来保证多台间接蒸发冷水机组的流量分配和水力平衡。

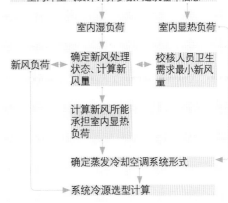

蒸发冷却空调系统设计流程

蒸发冷却空调系统设计可借鉴温湿度独立控制系统的设计计算方法，从热、湿分开处理的原则出发分别对排除显热和潜热进行设计：由室内湿负荷及人员卫生需求确定新风处理状态及新风量；由室内总显热负荷及新风所能承担的显热负荷比较确定空调系统的形式；由空调系统形式及室内总显热负荷、新风负荷确定机组的形式及容量。

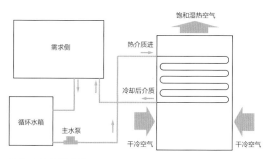

蒸发冷却空调系统

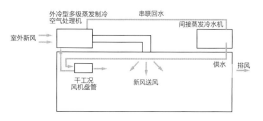

蒸发制冷干工况风机盘管+新风系统

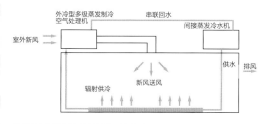

蒸发制冷地板辐射盘管+新风系统

H3-7
太阳能综合利用

太阳能光热利用是可再生能源技术领域技术发展最成熟、商业化程度最高、应用最普遍的利用方式之一。但是在暖通专业领域应用相对较多的是太阳能辅助供热、补热系统。

H3-7-1 　　　　　　　　　　方案设计
根据相关数据判断太阳能资源的丰富程度

《太阳能资源等级 直接辐射》GB/T 33677和《太阳能资源等级 总辐射》GB/T 31155中根据直接辐射和总辐射的照量、稳定度、（水平面）直射比等对太阳能资源进行分级。太阳能利用应按照上述内容对建设地的数据进行对照分析，其结果作为应用的前置条件。

H3-7-2 　　　　　　　　　　方案设计
根据需求选择太阳能的利用方式

《太阳能供热采暖工程技术规范》GB 50495、《民用建筑太阳能空调工程技术规范》GB 50787是暖通专业领域太阳能应用的指导。浙江省出台了《太阳能结合地源热泵空调系统设计、安装及验收规范》指导应用。《太阳能供热采暖空调系统优化设计软件》有3个数据库和4个功能模块是用于太阳能供热采暖系统设计的。《太阳能供热采暖工程应用技术手册》是依据《太阳能供热采暖工程技术规范》GB 50495的要求进行编写，用于太阳能供热采暖系统设计、施工安装、工程验收和效益评估的工具书。

太阳能制冷空调系统在目前工程项目中应用较少，一般以小型示范项目或者科研项目居多。按照不同的能量转换方式分为两种：一是先实现光—电转换，再以电力制冷；二是先实现光—热转换，再以热能制冷。

太阳能常应用于被动式建筑，一般包含以下几个不同的部件：太阳能收集器、吸收器、热质、热量的应用设备以及热量控制元器件。一般适用于独栋住宅、小型单层建筑，以及非纯木结构承重的小型村落建筑。

H3-7-3   方案设计
根据需求确定光热辅助应用的技术策略

太阳能光热利用应设置在全年太阳辐射总量高的地区，在区域能源供应相对匮乏或受限制的自然保护区，常作为主导能源或常规能源的有效补充，多应用于地源热泵系统地源侧补热。太阳能光热辅助系统适合单位面积负荷低的小型建筑或者是被动式建筑。由于太阳能辐射量的峰值与时段有关，而且一般与供热负荷存在错峰情况，系统设计应考虑总体能源的可靠性、稳定性，并且设置蓄能系统及辅助能源系统；集热器采光面设置在不被遮挡的太阳辐照方向。在方案阶段应考虑太阳能集热器与建筑造型、屋面承重及立面一体化设计。设置在屋面、棚架上的集热器应预留结构荷载，明确设施的固定方式。

与太阳能生活热水共用集热器作为系统补热，控制系统逻辑应优先满足生活热水使用需求，并落实系统安全运行的技术措施。系统在方案阶段应与专业公司进行核心问题的配合，依据所提供的技术文件实施数据通用性修正之后方可进行工程应用。

被动式太阳能建筑通常采用蓄热墙（特朗勃墙），以及结合不同季节需求设置外窗、可调节遮阳体系。室内应具有良好的密闭性，热质和收集器的大小比例应依据气候环境确定。热质需与外界环境之间进行绝热处理以减少热量流失。

H3-8
冷热电分布式
能源

冷热电三联供 CCHP 是能量梯级利用，将制冷、供热（采暖和卫生热水）、发电过程一体化的多联产能系统，可以实现电力和燃气的双重削峰填谷。市政燃气管网平衡冬夏季用量的同时缓解夏季市政电力用量紧张。系统具有提高能源综合利用效率、减少碳化物及有害气体的排放的优点。分布式能源是从资源、环境效益出发，根据终端能源实际消纳利用确定设置规模，从而实现能源利用效能的最大化。

H3-8-1   方案设计
明确燃气供应条件和电力消耗、冷热负荷需求

建设地区燃气供应充足、保障率高是系统设置的必要条件，燃气价格、末端设备消纳能力以及设备运行时间是系统经济性的重要指标；用户侧有稳定的电力缺口，稳定的冷热负荷需求时较为适用。保障型系统发电装置应具有气体、液体双燃料能力。分布式能源系统通常是区域能源、

大型综合体选择的能源方案。

设计原则：冷热电三联供的设计应根据能源利用次序、运行方式、规模大小来确定合理的形式，保证发电机组处于较高负荷率的运行状态。方案阶段应结合类似项目合理预测项目运行阶段电力、冷量、热量的需求，并根据分期建设的时序进行总体规划，分步实施。预测阶段应充分考虑建设初期、低负荷运行期对于能源用量以及负荷密度的影响，对于工业项目用能以及工艺用能要拆分稳定（基础）负荷与峰值负荷，方案阶段应对需求侧进行实地考察、收集资料，以避免出现技术数据的偏差，降低预测数据与未来实际运行的差距。

根据设计工况的电力消耗、冷量、热量逐时负荷曲线选择适宜的系统形式及运行模式，使电力与热能、冷量需求相互协调，以达到综合效率最高的目的。超大型项目如果有条件与蓄能技术相结合，可以达到较小的投入成本和相对高的系统综合效率的目的。

H3-8-2 方案设计
明确系统能源供应策略、余热利用原则

兼顾冷热电负荷的供应策略：根据建筑物冷热电负荷配置系统，兼顾余热利用和楼宇能源负荷。

以电定热（冷）量的供应策略：根据部分配电功能区的电力负荷需求，初步确定发电机功率，利用全年用热、用冷负荷曲线对系统提供的冷、热量进行校核。当发电装置的功率接近或小于要求的70%时，电力容量具有较大的调节灵活性。

以热（冷）定电量的供应策略：根据空调负荷用量初步确定发电机功率，并且校核发电机运行时间、发电量的消纳能力是否在合理经济的范围内。

余热利用原则：优先利用缸套水和烟气回收，其次利用补燃技术。末端空调负荷较小，缸套水及烟气余热能够满足末端使用要求时，完全利用余热；末端空调负荷较大，缸套水及烟气余热不能够满足末端使用的要求，需要溴化锂机组运行；当发电机组停止运行时溴化锂机组采用直燃方式运行补充需求侧用量。

发电系统包括：发电机组单独为末端供电；发电系统并网设计，不向外网送电；发电机组与市电自动切换运行；发电机组与市电并网运行。

H3-8-3 技术深化
针对系统形式、余热利用方式、设备匹配原则进行论证

冷热电三联供系统中重要的发电系统需要专业配合，并且应针对系统形式的选择、余热利用方式、设备匹配原则逐一进行论证。

内燃机的冷却水系统、空调冷热水系统与常规系统设计相似。余热利用水系统的缸套水进水温度设定作为冷却塔散热以及冷却水泵（变频）运行与否的依据。当余热不利用时，缸套水的散热全部通过冷却塔排出，可通过吸收式溴化锂机组利用余热供冷、供热。中冷器出水温度较低，一般直接通过散热水箱散热循环利用；也可根据工程实际情况，通过换热器作为生活热水的给水预热。

H3-9
地道通风系统

地下土壤温度相对恒定，而且具有良好的能量蓄存能力，合理地加以利用可以得到良好的经济效益。利用地道通风降温是指夏季室外的高温空气进入地下换热地道内，通过与地道壁面有效换热，使空气干球温度降低；冬季也可以通过地道壁面与空气进行换热以提高空气的温度。经过换热后的空气可根据需要选择是否进一步深度处理。

H3-9-1
依据气候条件判断地道换热通风系统的适用性

地道换热通风系统的应用效果主要取决于土壤温度、地下水位高度及室外空气温度和湿度等自然条件。土壤温度越低，室外空气含湿量越低，地道换热面越大，降温的效果越好。相反土壤温度越高，地道加热的效果越明显。

室外空气含湿量低的地区，可通过加大风量利用室外干燥空气带走室内余湿。

H3-9-2
依据负荷需求深化地道尺寸路由设计

根据气象条件、需求侧负荷以及可实施的地道通风的表面积，经过详细经济技术分析，确定地道通风系统是否可以全部或部分代替人工冷热源系统，进而确定地道相关界面参数，包括地道长度、埋深、管内风速、管道长度、地道送风终温，以及提供的冷量数值。

地道通风系统可根据需要，与机械通风系统、自然通风系统相结合，实现：①过渡季节自然通风；②随着室外温度升高，冷负荷增加后的夜间通风降温预冷；③夏季设计工况下的地道通风降温等几个运行模式。

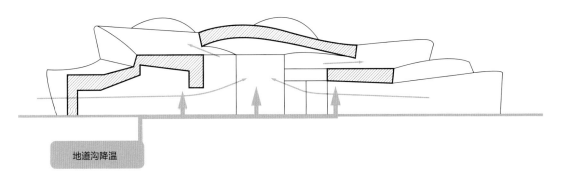

地道沟降温

自然通风示意图

H4

气流组织

合理组织室内空气的流动，使室内工作区的温度、湿度、风速和洁净度相对均匀，能更好地满足工艺要求及人们的舒适性要求。空调送风方式对气流组织形式有重要影响，设计阶段首先应根据空调送风方式、送风温差、系统服务半径、室内设计方案，综合评价、择优落实。

H4-1-1   技术深化
空调送风方式应符合规范的基本要求

1. 技术指标

《民用建筑供暖通风与空气调节设计规范》GB 50736—2012第7.4.1条规定，气流组织应根据建筑物的用途对空调房间内温湿度参数、允许风速、噪声标准、空气质量、室内温度梯度及空气分布特性指标（ADPI）的要求，结合内部装修、工艺或家具布置等进行设计计算。

影响气流组织的因素很多，其中送风口的空气射流及其送风参数对气流组织的影响最为明显。

2. 送风口选型

服务于一般空间并且粗装修交房的通常采用可调百叶送风口、方形散流器送风口。高大空间可以在靠近外区的位置设置地面嵌入式强制对流器来降低外围护结构形成的冷热负荷对于人员活动区的影响。侧送型喷口、旋流风口，是中庭、候机厅、展厅等高大空间常用的风口形式。一般的空间中条缝型风口，是与室内精装修设计契合比较好的常用形式。当冬夏季节送风气流组织需求不同时，应采用可调节型产品，造价允许时优选温控型，基本款是手动调节型。在人员活动区设置地面送风口时，应采用扩散性好、风速低、便于清扫型的产品，例如阶梯旋流送风口、座椅送风口。送风口表面温度应高于室内露点温度；当送风温度低于室内露点温度时，应采用低温防结露风口。在设计选型中凡是侧送气流受阻碍、送风射程与喷口安装高度不匹配、人员活动区的风速不满足要求时，应针对需求做进一步调整、校核计算。

H4-1-2

满足不同的需求，采用多种送风方式

1. 贴附侧送的要求

送风口设置向上倾斜10~20°的导流片；送风口内宜设置防止射流偏斜的导流片；射流流程中应无阻挡物。

2. 喷口送风的要求

人员活动区宜位于回流区，喷口安装高度和直径大小与射流距离，每个风口需要送出的风量以及是否按分层空调进行负荷、设备选型计算密切相关；冬夏共用送风末端的风口应具有可调节射流出口角度的功能。

3. 置换送风的要求

房间净高宜大于2.7m；设计时控制分界面位于头部以上，使人员活动区的空气温度、风速和污染物浓度符合热舒适和卫生标准的要求。送风温度不宜低于18℃；空调区的单位面积冷负荷不宜大于120W/m²；污染源宜为发热源，且污染气体密度较小；室内人员活动区0.1~1.1m高度的空气垂直温度差不宜大于3℃。

4. 分层空调送风的要求

根据《公共建筑节能设计标准》GB 50189第4.4.4条规定，建筑空间高度大于或等于10m

且体积大于10000m³时，宜采用辐射供暖供冷或分层空调系统。

空调区优选对侧送风方式；当空调区跨度较小时，可采用单侧送风，且回风口宜布置在送风口的同侧下方。

多股平行射流侧送气流要有效搭接；采用双侧对送射流时，其射程可按相对喷口中点距离的90%计算。

分层空调送风方式旨在有效降低上部非空调区向空调区的热转移；风口设置高度应有利于降低斜温层的位置高度。

送风口送风角度应便于调节，使夏季能进行水平送风，冬季能进行向下倾角送风。优选温控型末端风口调节措施。

冬季送热风时回风口应较为均匀地布置在室内下部，不宜采用集中回风、上部回风或高大空间中部回风。在技术经济合理时，可以采用诱导风口。

建筑物应做到密封性能优良，降低渗透风导致的能量消耗，削弱对室内空间气流组织的不利影响。高大空间应通过CFD气流组织模拟进行先期合理性判断。

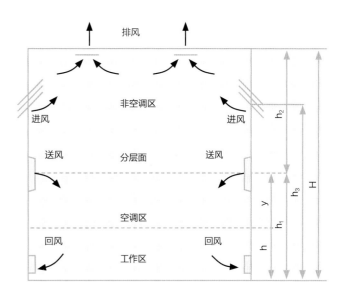

分层空调送风系统

诱导通风方式有效提高通风效率，降低全面通风系统管道占用高度

诱导通风系统是利用高速喷出少量气体来诱导、搅拌周围的大量空气，并将空气带动引导至需要的特定目标方向。该送风方式可应用于地下停车场、城市地下隧道、工业厂房车间、大型仓库等场所的通风。

诱导通风系统具有以下优点：设计简单，系统变动弹性大，即使系统施工完毕，仍可视实际需求增减设备与系统风量；由于点状布置的诱导通风设备替代了传统通风管道，占用空间小，可以忽略不计；其气流流线可以根据建筑特征布置，可有效消灭气流死角；诱导通风设备可自带污染物取样监控系统，实现智能控制。

H5

设备用房

H5-1
合理的机房位置

设备机房是服务于建筑功能不可或缺的组成部分。在设计中应优选有利于削弱对使用功能影响、有利于减少对建筑造型影响、有利于系统节能运行的机房位置；有效的进风、排风口位置。没有特殊情况，不推荐采用非标产品或非主流产品进行核心机房土建设计配合。

H5-1-1
制冷机房、热交换站（含水泵房）位置应尽量靠近负荷中心，远离功能用房

能源核心站房多建于建筑物的地下室最底层，无法确定可行的隔振降噪技术方案时，不应设置在具有使用功能的中间楼层。大型设备机房避免设置在核心筒或剪力墙的结构体系内。机房应设置隔声减振措施，尤其是管道及管道支吊架的传振、共振应引起重视。

制冷机房应与变配电站邻近或设置专用配电房间。

H5-1-2
自建锅炉房的项目，站房设置应满足消防要求以及大气污染物排放要求

锅炉房位置的选择应尽量减少烟尘、有害气体、噪声对临近功能区和环境保护区的影响。全年运行的锅炉房应设置于项目最小频率风向的上风侧，季节性运行的锅炉房应设置于运行季节最大频率风向的下风侧，并符合环境影响评价报告提出的各项要求（锅炉房设计规范GB 50041）。锅炉房烟囱高度应符合现行国家标准《锅炉大气污染物排放标准》GB 13271和项目所在地的特殊规定。

燃油锅炉和燃气锅炉宜设置在建筑外的专用房间内；必需贴临民用建筑设置时，不应贴临人员密集场所。

锅炉房位置的选择应注意与周围建筑物的互相影响，对空气压缩机站、制氧站、油库及有洁净要求的建筑保持合理距离。

锅炉房的位置应便于给水、排水和供电，并且要有较好的地形、地质条件。

空调、新风机房的位置应综合考虑服务半径、防火分区划分、消声减振要求等因素进行设置

室内声学要求高的建筑物，如广播电台、影视中心、录音棚、影剧院、音乐厅等，其空调机房应设置在声学控制区以外，并不应贴临声学控制区。一般的办公建筑、商业建筑、酒店建筑公共部分（裙房）的空调机房宜在所服务楼层分散设置，并且不宜贴临贵宾室、报告厅、会议室、星级酒店客房等室内声音要求严格的房间。

各层空调机房的位置应考虑风管的服务范围，风管的作用半径宜为30~40m。单个全空气系统的服务面积以500~800m²为宜。

空调机房的服务区域在水平方向不宜穿越防火分区，宜在每个防火分区相对居中位置贴近交通核设置空调机房，进排风主风道与核心筒结合设置，优化功能区平面。当多个防火分区合并设置空调机房时，应优选在防火分区边界附近设置。机房内或机房临近区域设置与其设备风量相对应的新风取风、排风、送风、回风竖井。

空调新风取风口不应设置在空气可能受到污染的区域。例如停车区的下部，地坪1.0m以下的非下沉庭院区，临近排风口、烟囱等位置。

新风进风口、系统排风口应满足水平距离不小于10m或垂直距离不小于6m的最低要求。

空调机房有条件的应优选在各层平面的同一位置或邻近位置上下层对应设置，便于进排风竖井或者百叶的布置，有利于给水排水管道设置，有利于消声隔声减振措施的合理设置。

消防系统专用机房的位置主要考虑进排风口的距离要求

按照规范要求，室内设置的消防加压送风系统专用机房、机械排烟系统机房，原则上两者不应临近设置，取风口与排风口以及燃气泄漏的事故通风的进排风口之间要满足水平距离大于20m的要求。

H6

控制策略

H6-1
通用性控制要求

随着电子与信息技术的发展，供暖空调系统的自控技术日益完善。自动控制可以保障系统安全可靠的运行，保证环境参数符合设定的要求，提高系统运行的经济性，并且避免了人工操作的高劳动强度及误操作等问题。

H6-1-1

对新风机组的送风温湿度、机组启停、连锁运行、防冻保护、故障报警等进行控制，实现系统优化运行

送风温度自动控制：通过调节冷水阀或热水阀开度，保证送风温度为设定值。

送风湿度自动控制：通过控制加湿阀开闭，保证送风湿度为设定值。

过滤网堵塞报警：空气过滤器两端压差过大时报警，提示清扫。

机组定时启停控制：根据事先设定的工作日及节假日作息时间表，定时启停机组，自动统计机组工作时间，提示定时维修。

水盘管防冻保护：当水盘管的表面温度过低时，全开热水阀，关闭新风阀门及停止风机运行。

连锁保护控制：风机停机后，新风风门、电动调节风阀、加湿器电磁阀连锁自动关闭。风机启动后，其前后压差过低时故障报警，并连锁停机。

H6-1-2

对空调机组的送风温湿度、机组启停、连锁运行、故障报警等进行控制，实现系统优化运行

送风温度自动控制：夏季及冬季通过调节冷水阀或热水阀开度，保证送风温度为设定值。过渡季根据新风的温湿度计算焓值，自动调节混风比。

回风湿度自动控制：通过控制加湿阀开闭，保证回风湿度为设定值。

过滤网堵塞报警：空气过滤器两端压差过大

时报警，提示清扫。

机组定时启停控制：根据事先设定的工作日及节假日作息时间表，定时启停机组、自动统计机组工作时间，提示定时维修。

连锁保护控制：风机停机后，新风风门、电动调节阀、电磁阀自动关闭。风机启动后，其前后压差过低时故障报警，并连锁停机。当水盘管表面温度过低时，全开热水阀，关闭新风阀门以及其他管路电动风阀，风机停止运行。

主要场所的环境控制：在重要场所设置温湿度测点，根据其温湿度直接调节空调机组的冷热水阀，确保重要场所的温湿度为设定值。

1. 送排风机BAS（Building Automation System，楼宇自动化系统）监控

风机定时启停控制：根据事先设定的工作日及节假日作息时间表，定时启停风机，自动统计机组工作时间，提示定时维修。根据车库CO浓度自动控制风机启停。

参数监测及报警：检测风机过载继电器触点状态，异常时发送过载报警。

2. 排烟风机BAS监控

风机状态检测：排烟风机由消防系统控制，BAS只监视其状态。自动统计机组工作时间，提示定时维修。

参数监测及报警：检测风机过载继电器触点状态，异常时发送过载报警。

H6-2
能源群集控制要求

在供暖空调系统中，能源侧的控制是保障系统运行效果的根本所在，也是对能耗影响最为重大的环节。冷热源的群控系统是通过信息化手段打造的节能的控制系统，可以帮助管理人员实现优化控制和智慧运维。

冷负荷需求计算：根据冷冻水供、回水温度和回水流量测量值，自动计算建筑物空调实际冷负荷量。

冷水机组台数控制：根据建筑物所需冷负荷，自动调整冷水机组运行台数。

冷水机组连锁控制：启动——冷却塔蝶阀开启，冷却水蝶阀开启，开冷却水泵，冷冻水蝶阀开启，开冷冻水泵，开冷水机组；停止——停冷水机组，停冷冻水泵，关冷冻水蝶阀，关冷却水泵，关冷却水蝶阀，关冷却塔蝶阀。

冷冻水压差控制：根据冷冻水供回水压差，自动调节旁通调节阀，维持供回水压差恒定。

冷却水温度控制：根据冷却水温度，自动控制冷却塔的启停台数。

水泵保护控制：水泵启动后，水流开关监测水流状态，如故障则自动停机。水泵运行时如发生故障，备用泵自动投入使用。

机组定时启停控制：根据事先设定的工作日及节假日作息时间表启停机组，自动统计机组各水泵、风机的累积运行时间，提示定时维修。

机组运行参数监测：监测系统内各检测点的温度、压力，自动显示，定时打印，并在故障时报警。

水箱补水控制：自动控制进水电磁阀的开启和关闭，使膨胀水箱水位维持在允许的范围内，水位超限进行故障报警。

H6-2-2
采用数据通信技术，实现高效可靠的数据传输，可以更灵敏地应对负荷变化，提高保障率

大型能源站房应设置机房设备群控系统，其具有以下功能：

（1）与冷水机组的直接数据通信。读取冷水机组运行参数、安全控制参数、运行控制、状态显示、接口间的自由转换硬件控制板。传输时间、速度、可靠性大大提高；可跟上负荷变化的节奏，减少故障率。

（2）显示设备及软件要求。提供符合系统实际运行情况的流程图和动态画面；所有监控参数均可在中央计算机和各就地控制器上设定；具有手动控制功能，可在调试、检修、运行期间对各设备分别进行控制；具有组态、编程功能，并设有不同级别（至少三级）的密码；显示各监控点参数、各设备及部件的运行状态、各系统的动态图形，存储各项历史资料并具有自动打印的功

能；具有声光报警功能，当总站发生故障，各设备可以独立运行。

（3）水泵的工频旁路功能。设置变频器的水泵必须设置工频旁路功能，便于变频器故障切换工频运行。

（4）防止水系统出现水锤现象的功能。在变频器上设定软启、软停功能。

（5）控制柜控制功能。

（6）第三方通信功能。

H6-2-3
热源系统的自动检测与控制提高安全性、满足经济运行

热源系统核心设备通常指热水、蒸汽锅炉和热交换器等设备。常用的锅炉产品除了承压锅炉，还有冷凝锅炉和真空锅炉。锅炉本体自带各类安全控制措施及阀门附件。

（1）实时检测：热源系统控制应避免凭经验事后调节，实施自动控制，全面实时了解设备系统运行。

（2）自动控制：随室外气候条件以及用户用热需求进行热源供热能力调节、质调节、量调节，也可以按照预先设定值进行调节。

（3）按需供热：依托气候补偿器以及系统各测点，进行工况优化分析，根据运行数据进行预测，进行实时运行指导。

（4）安全保障：控制系统应包含故障分析，在运行中做出及时判断，并采取相应的保护应对措施，对于安全隐患应有声光报警，便于及时抢修。

H6-3
空气品质检测控制

CO₂不属于污染物，其浓度的高低也不能完全反映空气质量状况，但是其浓度能够比较准确地反映室内新风供需状况。空气品质中较为常用的检测控制项是空气中可吸入颗粒物的浓度，这是判断室内空气品质的一个重要指标，也是民众密切关注的一个参数。

H6-3-1　　　　　　　　　　　　　技术深化
通过 CO₂ 浓度检测调节新风量，实现空调系统节能运行

在空调区域的适当位置设置CO_2浓度传感器，将传感器检测到的CO_2浓度值与设定值做比较，根据偏差值的大小，由变频调速装置调节风机的运行频率，从而调节新风量。既保证室内的舒适度和卫生要求，又实现空调系统的经济节能运行。

H6-3-2　　　　　　　　　　　　　技术深化
通过可吸入颗粒物浓度检测控制空气净化系统运行及设备维护，实现空调系统高品质运行

在测试区域的适当位置设置颗粒物浓度传感器，将传感器检测到的浓度值与设定值进行比较，根据偏差值的大小，开启净化装置或者增加净化设备的投入运行容量直至浓度降低至设定值，保证室内空气品质符合标准。

注释

[1] 全国民用建筑工程技术措施——暖通空调动力（节能专篇）.

[2] 同上.

[3] 杨石，顾中煊，罗淑湘等. 我国燃气锅炉烟气余热回收技术[J]. 建筑技术，2014，45（11）：976–980.

[4] 沈列丞，张智力. 基于建筑设计日负荷分析对冰蓄冷系统适用性的探讨[J]. 暖通空调，2005，35（6）：122–124.

[5] 狄育慧，刘加平，黄翔. 蒸发冷却空调应用的气候适应性区域划分[J]. 暖通空调，2010，40（2）：108–111.

[6] 江亿，谢晓云，于向阳. 间接蒸发冷却技术——中国西北地区可再生干空气资源的高效应用[J]. 暖通空调，2009，39（9）：1–4，57.

方法拓展栏

方法拓展栏

项目 昆山大戏院　　摄影 本土设计研究中心

E1 – E5

电气专业

ELECTRICAL

理念及框架

绿色电气设计是绿色建筑设计中重要的组成部分，构建简单、安全、适用的配电网络，因地制宜充分利用清洁能源、合理利用建筑空间，注重机电设备自身能效并有效控制运行能效，最大限度地节约能源、降低能耗、保护环境和减少对环境的污染，营造健康、舒适的照明环境，是电气设计师需要关注或者说重点考虑的因素。

电气专业绿色设计导则包括空间利用、能效控制、照明环境、清洁能源和节能产品五个部分。

空间利用主要考虑电气主要机房位置的选择、面积适宜及设备维护对周边环境的影响，从建筑可持续性考虑，与各专业相互配合，在满足使用功能基础上实现总体指标最优化。

能效控制主要考虑在提高机电设备自身效率的前提下，重点关注系统的运行能效，采取适宜的方法利用管理措施去控制能量损耗，净化电网质量，搭接合理的配电系统，了解能耗分布，做到安全高效用电。

照明环境主要从光源和灯具的选择到区域内灯具的布置与控制来分析总结，在满足照度标准及功能使用要求的基础上，选择合适的光源与灯具，合理布置灯具，优化控制方式，限制光污染应遵循的规范要求，并适当引入可再生能源，创造舒适健康环境，形成节能环保的工作和生活习惯。

清洁能源主要对清洁能源的适用性进行分析，根据地域基础设施发展水平与当地太阳能资源、风力资源状况合理优化再生能源的利用率。

节能产品主要介绍新型材料和新型设备，将新型材料和设备与传统材料和设备进行分析对比，使设计人员了解绿色、环保、低碳的节能性产品的适用场合，有选择性地在民用建筑项目中应用。

通过本章节内容的分享，可起到抛砖引玉的作用，目的是提高电气设计人员绿色节能和低碳与环保的设计意识，理解绿色建筑电气设计的方法和关键，但方法也不仅局限于过度使用先进的技术手段，采取恰当的适宜本地的方法才是最完美的设计。电气设计师的最终目的是给投资者呈现一个安全可靠、舒适便捷、持久发展的用电环境，同时也因我们的设计能使我们生存的环境得以不断的延续和健康发展。

E1 空间利用	E1-1	机房选址条件
	E1-2	空间二次利用
E2 能效控制	E2-1	优化控制策略
	E2-2	电力驱动设备
	E2-3	计量方案设计
E3 照明环境	E3-1	室内照明环境
	E3-2	室外照明环境
E4 清洁能源	E4-1	光伏发电利用
	E4-2	风力发电利用
E5 节能产品	E5-1	新型材料应用
	E5-2	新型设备应用

E1

空间利用

E1-1
机房选址条件

建筑空间内变电和配电机房主要包括变电所和配电间。变电所是供配电系统的核心机房，在建筑物中担负着电力系统受电、变压和配电的任务。配电间是为建筑物内某一区域用电设备配电的房间，担负着电力系统区域配电的任务。合理利用空间位置，满足功能需求，是电气设计的首要工作。

E1-1-1　　　　　　　　　　方案设计

建筑内设有多个变电所时，与市政对接的变电所需考虑与下上级电源对接的便捷条件，位置应靠近负荷中心

与市政对接的变电所，首先要了解周边市政电源分布及接入位置，其设置位置既要靠近进线方向侧，减少市政线路不必要的迂回，同时对于下设有1个或多个分变电所时，又要考虑与下级变电所连接通畅。

变电所应靠近负荷中心，减少低压线路的供电距离，供电半径尽量控制在150m以内；其面积指标应根据变配电装置的运行、维护与后期发展需求等综合因素来确定。

E1-1-2　　　　　　　　　　技术深化

建筑内部用电设备配电室设在负荷附近，便于观察与管理；区域配电间贴近负荷中心，降低线路损耗

给设备机房内用电负荷供电的用电设备配电室贴邻机房设置，进线宜靠近变电所电源侧。用电设备配电室应设有观察窗，可直观了解设备运行状况，用电设备配电室与机房设有连接门，便于维护与管理。

区域配电间（习惯叫法为竖井，本章节中均称为区域配电间）应在深入负荷中心、进线靠近变电所电源侧的部位设置，在满足现行国家规范的情况下，区域配电间内末端照明配电箱供电半径宜控制在50~60m之间，以减小供电半径，降低线路损耗。

E1-2
空间二次利用

用电机房建设不仅满足现阶段建设功能需求，还应适当考虑其发展的可持续性，不能因为建筑功能部分改变而影响配电系统的正常运行，也不能因变配电装置的更新而破坏已建好的土建结构。

E1-2-1
机房环境与内部配电装置安装均要满足安全性、可维护性和可持续性的要求，利于持续发展

在变电所面积确定上，除满足国家现行规范场址选择要求外，还应避免可能导致次生灾害的位置，如伸缩缝、抗震缝等，外墙进出管应采取严格控制水渗透措施。配电装置需布置紧凑、合理，方便操作，满足巡视检查、维修搬运、试验等规范约定值要求。在建设项目面积紧张区域，

可优先选择满足功能要求的小型化产品，综合考虑使用空间利用。

变电所机房的建设不仅满足现阶段建设功能需求，还应适当考虑其发展的可持续性，尽量不要因为建筑功能部分改变而影响配电系统的正常运行，在配电柜配出回路上可留有一定的冗余，有条件的变电所，在配电柜布置时适当预留发展空间。

配电间内配电装置布置应严格控制外形尺寸、安装高度和操作距离，避免配电装置安装完成后无法开门维护，或安装距地过高，需借助辅助工具登高操作；操作距离应满足规范要求的用电安全距离。

E1-2-2
机房设备搬运需考虑整个运输通道的承载条件，避免一次和二次运输对通道环境造成破坏

在变电所建设时应考虑变压器一次和二次的土建运输路由。在配合变电所、用电设备配电室和区域配电间的建设时，要考虑好配电装置搬运口的大小，不应破坏现有土建结构。

当利用冷冻站内部做搬运通道时，应与暖通空调专业配合，在机房设备布置时应避让运输通道，避免变压器搬运时造成不必要的设备拆除。

要控制好整个搬运通道的净高，要保证机电

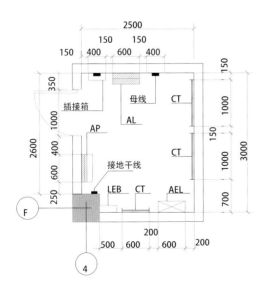

配电间布置图

管道综合后的高度不小于变压器搬运高度，一般考虑为外壳高度+500mm；搬运宽度一般考虑左右外壳宽度+300mm；在极端情况下可考虑拆卸外壳搬运。

　　整个搬运通道要考虑地面承重荷载，电气专业应将变压器搬运所经过的通道区域和变压器自重提供给结构专业，避免一次、二次搬运时对地面造成破坏；在路由选择时，要尽量避开地面有装饰要求的区域。

E2
能效控制

E2-1
优化控制策略

综合控制配电系统各环节用能设施的运行能效，在满足用电负荷正常运行的情况下，尽最大可能提高用电效率，降低无功能耗，节约材料，实现管理节能和绿色用能。

E2-1-1 方案设计
根据用电容量、用电设备特性、供电距离及当地电网现状选择适宜供电电压等级，有利于减少电能损耗，保证供电质量及人身安全

电压等级（voltage class）是电力系统及电力设备的额定电压级别系列。额定电压是电力系统及电力设备规定的正常电压，即与电力系统及电力设备某些运行特性有关的标称电压。民用建筑的交流电压等级包括：35kV、20kV、10kV、6.3kV、380V、220V；安全交流电压等级包括50V、42V、36V、24V、12V。

在配电过程中，因为导线的损耗与流过的电流平方成正比，输送同样的功率，电压越高，导线中的电流越小，损耗相对减少，所以为提高经济效益应尽量提高输送电压。对供电距离较远的区域，或因电压降幅影响用电设备正常工作的场所，可考虑采用较高等级的电压供电方式。

在考虑建筑的供电电压等级时，应以建筑内总负荷大小及负荷供电距离为判定基础，并结合园区建筑群的整体管理要求综合考虑。对建筑内有较集中用电负荷且设备总安装容量大的区域，就地设置变电所；对于建筑物内有大容量的单台设备如冷冻机组，综合指标考虑应尽量选用设备制造商产品允许的高等级电压。对安装环境或操作距离有安全要求的空间，如游泳池、喷水池等人接触类的潮湿场所，照明设备应采用交流12V及以下的特低电压供电，避免给操作人员造成人身伤害。

E2-1-2   方案设计
正确选择变压器类型、变压器台数及变压器容量，优化变压器运行策略，提高效率、节约能源

变压器是利用电磁感应的原理来改变交流电压的装置，主要构件是初级线圈、次级线圈和铁芯（磁芯）。建筑室内一般采用干式变压器，包括环氧树脂浇注型干式变压器、非晶合金干式变压器及其他节能型干式变压器，国家对变压器进行了能效等级分级，包括1级、2级、3级，对应三种等级的空载损耗、负载损耗和短路阻抗的限制值可查《三相配电变压器能效限定值及能效等级》GB 20052标准内的规定。设计中应综合考虑变压器的负载率、建设者的投资支撑等因素去选择相应能效等级的变压器，尽量优选高效、低能耗、低噪声、短路阻抗小的变压器。

根据负荷性质和负荷容量合理配置变压器台数及变压器安装容量。对于季节性负荷（如制冷设备）、工艺负荷（如展览用电、舞台设备用电）等应优先考虑单独设置变压器，使其具有退出机制，以减少变压器的空载损耗。当因负荷容量大而选择多台变压器时，在负荷分配合理的情况下，尽可能减少变压器的台数，选择相对较大容量的变压器（满足当地供电部门对单台变压器最大装机容量的要求）。对蓄冰、蓄热等用电设备采用错峰低谷时段运行的措施，可提高电力供应整体的效率与效益，节约能源，降低用电成本。

一般类型的建筑物内变压器负载率宜运行在75%～85%之间，但对于建筑物内负荷等级多数在二级及以上且仅含少量三级负荷的用户，变压器的负载率宜运行在60%左右。

E2-1-3   方案设计
提高供配电系统的功率因数，减少无功损耗

在配电系统设计时，首先要正确选择符合国家能效标准的电动机和照明光源、灯具和灯具启动器，对单相负荷配电尽量三相平衡，以提高系统的自然功率因数。

在低压配电系统端的自然功率因数不满足要求的情况下，可在变电所低压侧设置集中静态无功补偿装置，补偿后的功率因数不低于0.95；对容量较大、负载稳定且长期运行的用电设备宜就地设置静态无功补偿装置，补偿后的功率因数不低于0.9，对于三相不平衡的供配电系统，当三相不平衡超过15%时，应采用分相无功自动补偿装置。

三相共补

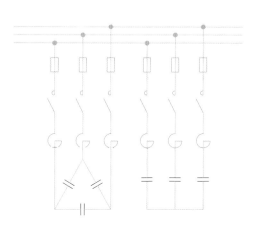

带分相补偿

E2-1-4 技术深化

限制供配电系统电网谐波含量，净化供电电网质量

当配电系统中具有持续运行且有稳定频率特征的大功率非线性负载时，宜采用无源滤波设备；当配电系统中具有动态运行且有变化频率特征的大功率非线性负载时，宜采用有源滤波设备。对用电负载产生谐波较大处应就地设置抑制谐波装置，尽量减少配电网中谐波的产生和叠加。当用电负载产生较小谐波且设置较分散时，应在变电所集中设置有源或无源抑制谐波装置，防止谐波注入供电电网。

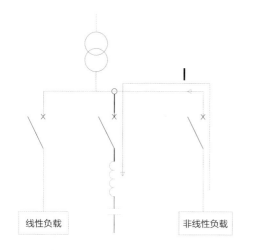

无源滤波器

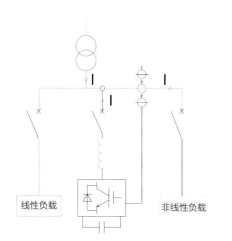

有源滤波器

E2-1-5 技术深化

综合提高供配电系统的功率因数、限制谐波含量，营造高品质用电环境

当建筑项目既有无功补偿要求又有谐波治理要求时，可采用一体化产品，针对不同情况采取如下不同的配置方式：

三相负载基本平衡的动态一体化治理：建筑内三相负载基本平衡，但系统运行较为频繁变化，可采用晶闸管投切技术，串联调谐电抗器，既有效抑制系统谐波，又达到在谐波环境下快速投切，实行安全动态无功补偿。

三相负载不平衡的动态一体化治理：建筑内存在大量单相负载，系统配电三相负载不平衡超过限制值，且系统运行较为频繁变化，可采用晶闸管投切技术，串联调谐电抗器，增加单相电容器，既有效抑制系统谐波，又达到在谐波环境下快速投切，平衡三相负载，实行安全动态无功补偿。

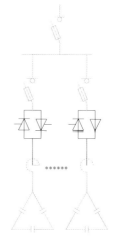

SVC无功补偿（共补+电抗）

高品质的动态一体化治理：对于建筑内用电要求较高、负载运行情况变化频繁且拥有大量非线性负载，产生的谐波含量大，可采用SVG（SVG+APF）或SVGC（APF+SVG+SVC）一体化装置，通过IGBT逆变器输出矫正功率因数及滤除2~51次谐波电流，投切速度小于20ms，同时可平衡三相负载，实现理想的无功补偿和谐波治理效果。

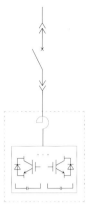

ASVG无功补偿
（补偿+滤波一体化）

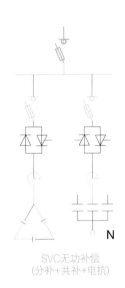

SVC无功补偿
(分补+共补+电抗)

SVGC混合滤波补偿
（APF+SVG+SVC）

E2-1-6 技术深化
约束配电导体截面，提高变电所配电回路的利用率

电缆选择除满足国家现行规范所规定的导体选择外，还要考虑负荷工艺特点，避免导体截面选型过大、利用率过低。比如，对于由变电所单独供电且使用功能确定的大型设备机房或用电设备集中区域的低压供电干线，如制冷机房、大型员工厨房、群组电梯等，工艺流程固定，负载运行总容量基本稳定，在选择电缆截面时应按不低于正常工况下85%的载流量考虑。

由变电所配出的低压回路，要避免干线总体数量过多、导体截面规格过小。对容量较小且分散的负载，可考虑在变电所内或区域配电间做二次配电，为分散负载供电；对相对集中且容量较小的负载，可就地做二次配电。

E2-2
电力驱动设备

垂直客梯和自动扶梯的电动机能效应符合国家能效标准，并针对不同建筑类型采用不同的运行策略，实现有效自动节能控制，满足人员流动的运输需求。

E2-2-1 技术深化

采取有效的节能运行与控制模式管理垂直客梯，满足不同时间段内人流运载的需求，提高运载效率、最大限度地节约能源

建筑内垂直客梯作为流动人员的垂直交通运输工具，首先应采用高效变频的电动机，其次对两台及以上的电梯，可针对不同时间段内客流量的不同，采用相应不同的群组控制方式，如在人流乘坐客梯高峰时间段，采取全部电梯均投入运营，避免人员等候时间过长；在人流乘坐客梯低谷时间段，可按设定的程序部分投入。当轿厢内无人时厢内灯具可自动熄灭，电机驱动器处于休眠状态。

E2-2-2 技术深化

采取能源再生回馈技术，将运动中负载上的机械能（势能、动能）再生为电能，使能源得到有效的利用

电梯运行状态分四种：第一种是空车（或轻载）上行和满载（或重载）下行，轿箱（或配重较轻的一边）上升，此时系统是释放势能的过程，曳引机工作在发电状态；第二种是空车（或轻载）下行与满载（或重载）上行，即轿箱（或配重较轻的一边）下降，此时系统势能在不断增加，曳引机工作在电动状态；第三种是当电梯到达所在楼层时需减速制动，此时系统是释放动能，曳引机也工作在发电状态；第四种是电梯在半载或在接近半载状态下运行，此时曳引机工作在平衡或接近平衡工况，这是电梯运行的最大概率工况。

由于电梯在第一种和第三种运行状态时曳引机均会产生再生能量，这些再生能量经技术处理，通过能量回馈装置变换成电能（再生电能）并回送给交流电网，供自身或其他用电设备使用，不仅电机拖动系统在单位时间消耗电网电能得到降低，而且节约了电能。但须要注意的是，回送到电网时应关注谐波指标，尽量减少回馈过程对电网的污染。

E2-2-3 技术深化

采取自动化控制手段管理大型公共场所的自动扶梯，使其达到经济合理的运维模式

自动扶梯在大型公共场所如大型商业场所、地铁站、机场出发到达大厅均是重要的人流疏导的交通工具，方便了人员出行，减少了人员体力的付出，但非高峰期若不采取自动化管理手段，电梯将处于空转状态，不仅大大浪费能源，同时也缩短了自动扶梯的寿命，故根据不同的建设位置采取不同的运行方式，是自动扶梯建设者的第一需求。另外，电梯应采用变频调速的高效电梯，在投入运营中的自动扶梯，每台均应设置具有变频感应的装置，有人乘坐自动扶梯时电梯按

预设载客速度运行，无人乘坐自动扶梯时处于低频运转；也可采用感应装置，有人来乘坐自动扶梯时电梯启动并正常运行，无人乘坐自动扶梯时停止运行。

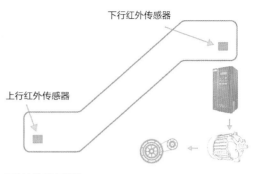

上行红外传感器　下行红外传感器

自动扶梯感应装置

E2-3
计量方案设计

计量装置是测量供电回路的电流、电压、有功、无功、频率、功率因数和谐波含量等参数的基本计量器具。应合理构建配电系统及相应功能的表具，为计量装置布置创造条件，满足物业对用电计费管理、分类分项耗电管理、对外出租耗电管理、特殊区域耗能管理的使用需求，以实现自动化管控替代人工管控，做到安全用电，科学管理。

E2-3-1　　　　　　　　　方案设计

当建筑物有总体计量要求时，计量装置应设置在电源进线的总端口

　　由于项目建设规模、用地性质、使用性质和日后运行管理不同，其相应的用电计费亦存在高压计费、低压计费和内部核算三种方式。对35kV、20kV、10kV进线用户，需在高压侧进线端设置总计量；对低压进线用户，需在每个独立建筑物的每路低压进线电源柜处设置总计量装置。

E2-3-2　　　　　　　　　方案设计

当建筑物内有分类分项管理需求时，计量装置应按配电系统构架分类分项设置

　　计量装置应分类分项设置，见用电负荷分类分项情况示意图。对35kV、20kV、10kV进线用户，配电系统的构建应在变电所低压配出回路实现按照明、电梯、制冷站、热力站、空调设备、中水设备、给水设备、景观照明、厨房、特殊区域等进行配电设计，计量装置在每个配出回路分别设置，避免不同类型用电设备混合配电。对低压进线用户，配电系统的构建应在低压配电室配出回路处按上述原则配电及装设计量装置；对设置总电力子表的项目，应在电力子表后进行

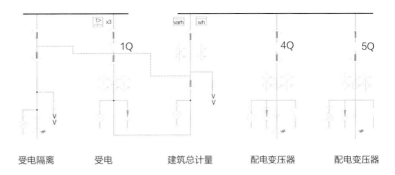

| 受电隔离 | 受电 | 建筑总计量 | 配电变压器 | 配电变压器 |

35kV、20kV、10kV进线用户
总计量设置

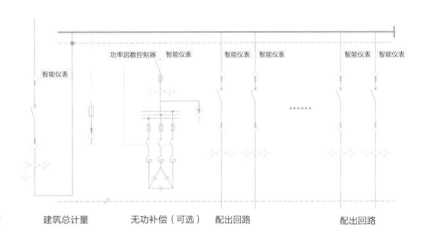

低压进线用户总计量设置　　建筑总计量　　无功补偿（可选）　　配出回路　　　　配出回路

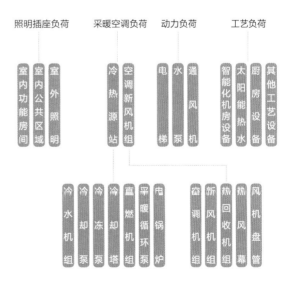

用电负荷分类分项情况示意图

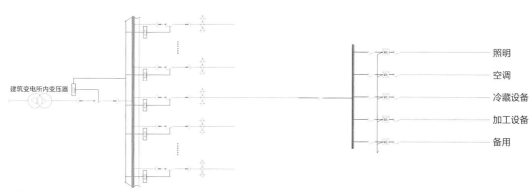

某超市电耗采集设置

分类分项计量。需要注意的是，在非空调区域采用机械通风系统时，如有条件宜单独设置计量装置；采用可再生能源发电的系统应设置单独的计量装置。

E2-3-3 方案设计
当建筑内有按部门独立核算或出租的场所时，计量装置既要满足区域总计量要求，同时又要满足分类分项要求

为达到建筑内用电科学管理和责任到位的原则，物业经常采取对单位部门和出租场所的区域进行独立核算的管理模式，所以该区域不仅要做总的耗电计量用于耗电核算，还要进行分类计量。为便于统计整栋建筑物分类分项耗能情况，在进行该区域配电设计时，若配电端配出回路因分类分项负荷无法拆分配电，就需在区域内进行二次配电，经二次配电后的回路不应再混配。计量装置可在电源进线配出端和二次配电各出线回路设置。布局后的计量装置满足物业对建筑物电能管理、物业归属、运行管理的统计需求，如上图，某对外出租超市，除考虑可采集超市总电耗外，还可采集按类按项消耗电能的情况。

E2-3-4 技术深化
采用具有远传接口的功能性采集表具，且计量表具精度符合要求，以实现远端对数据的准确分析与决策管理

计量表具宜具有用电负荷侧的电压、电流、频率、功率因数、谐波含量、有功电能、无功电能等多种采集和统计功能；低压供电用户的负荷电流在100A及以下时，宜采用直接接入式电能表；低压供电用户的负荷电流在100A以上时，宜采用经电流互感器接入的计量方式；执行分时电价的用户，应选装具有分时计量功能的复费率电能表或多功能电能表。

当用电分类计量系统需要远端数据采集，须配置带通信端口的智能数显示的计量表具，将采集的数据信息通过通信接口上传至能源管理平台，支持信息数据远传。预付费IC卡表具、远传表均应为计量检测部门认可的表具。

当计量表具的上传数据作为耗电统计的依据时，其产品必须由国家、省市级专业计量机构鉴定并取得相关产品认证和计量许可证。电能计量表具类别和适用范围及各类电能计量表具配置的电能表和互感器的准确度等级详见后表。

电能计量表具类别和适用范围

电能计量装置类别	适用范围
I类电能计量装置	用于月平均用电量500万kWh及以上或变压器容量为 10000kVA及以上的计费用户、200MW及以上发电机发电量的计量、发电企业上网电量的计量、电网经营企业之间的电量交换点的计量、省级电网经营企业与其供电企业的供电量计量
II类电能计量装置	月平均用电量100万kWh及以上、500万kWh以下或变压器容量为 2000kVA及以上、10000kVA以下的计费用户,100MW及以上、200MW以下的发电机、供电企业之间的电量交换点的计量装置
III类电能计量装置	月平均用电量10万kWh及以上、100万kWh以下或变压器容量315kVA及以上、2000kVA以下的计费用户,100MW以下发电机、发电企业厂(站)用电量、供电企业内部用于承包考核的计量点,考核有功电量平衡的110kV及以上的送电线路电能计量装置
IV类电能计量装置	负荷容量为315kVA以下的计费用户,发供电企业内部经济指标分析,考核用的计量装置
V类电能计量装置	单相供电的电力用户计费用的计量装置

各类电能计量装置配置的电能表和互感器的准确度等级

电能计量装置类别	准确度等级			
	有功电能表	无功电能表	电压互感器	电流互感器
I	0.2S或0.5S	2.0	0.2	0.2S
II	0.5S或0.5	2.0	0.2	0.2S
III	1.0	2.0	0.5	0.5S
IV	2.0	3.0	0.5	0.5S
V	2.0	—	—	0.5S

E2-3-5 技术深化

计量表具安装要便于物业维护与管理,采集的数据应利于管理者总结与分析,使其不断优化和完善用电系统管理模式

安装计量仪表要便于工作人员现场直观和检查,具备带电作业条件并宜设有防窃电功能。当计量仪表有故障、损伤或误差超过允许值时,应及时更换或修复。修复后的仪表和设备应经过相同的标定和校验,取得合格后方可使用。

定期采集各类计量仪表数据,根据用电性质、用电单位将采集的各类数据进行分项合并统计,绘制变压器低压侧、低压总进线侧的月、年总、尖、峰、平、谷有功电量等,总结用电单位耗电特点。同类数据对比,判断电量变化原因,查找用电变化因数,制定具体解决措施。

E3

照明环境

E3-1
室内照明环境

选择合适的光源及灯具，采取适宜的控制方式，营造健康舒适的工作和生活环境，提高生产、工作和学习效率，节约能源、保护环境、提高照明品质、满足经济效益。

E3-1-1　　　　　　　　　　　方案设计

选择健康的节能型光源，避免光源的色温及频闪对人眼造成伤害，提高照明质量与生活品质

在照明光源选择上，应尽可能采用高效光源，如三基色荧光灯、金卤灯和LED灯。三类光源的性能指标可见表3。

需要注意的是，光源单位光通的蓝光危害效应与光源相关色温有关，光源相关色温越高，危害的可能性越大。对人眼的舒适度来讲，相关色温越高的光环境，相对人眼越不舒服。室内在选用 LED 照明产品应符合现行国家标准《LED室内照明应用技术要求》GB/T 31831 的规定。对于人员长期工作或停留的房间及公共场所，照明光源的相关色温可控制在4000K以内，对于人员流动的公共场所照明光源的相关色温可控制在5000K以内，特殊要求的场所如对体育场馆

比赛场地照明光源的相关色温可控制在6000K以内。

在人员长期工作或停留的房间及公共场所，照明光源性能指标应控制其色容差不大于5SDCM，并做到无明显的频闪，LED灯的显色指数Ra应大于80，特殊显色指数R9应大于零。

照明光源应用上要选择高效节能产品，逐步淘汰白炽灯。目前节能光源包括：紧凑型荧光灯、直管形荧光灯（T8和T5型）、金属卤化物灯及LED灯。LED作为新型光源，其特性逐步稳定成熟，以紧凑型荧光灯计算，可多节能40%~50%。

表3　金卤灯、三基色荧光灯和LED灯性能指标

光源名称	发光效率（lm/w）	显色指数Ra	色温（K）	平均寿命（h）	适用范围
金属卤化物灯	65~140	65~90	9000~15000	9000~2000	适合于体育场、展览馆、机场等
三基色荧光灯	60~90	80~90	2700~6500	>15000	适合于办公、图书馆、商业等
LED光源	60~120	60~80	2700~6500	25000~50000	适合于商业、车库、公共区等

E3-1-2　　　　　　　　　　方案设计

选择高效节能灯具及附件，注意光源投射方向，避免眩光干扰，提高配光效率，就地为灯具设置无功补偿装置

光源：国家对各类光源、镇流器和LED模块控制器等照明产品已正式发布了能效标准，在设计中设计师应优先选用能效等级较高的产品。对于经济较发达地区或经济水平能够承受的项目，其光源和镇流器的能效等级可采用I级产品；对于经济不发达地区或经济水平不能承受的项目，其光源和镇流器的能效等级可采用II级或III级产品，做到逐步过渡，缓步提升。

灯具的效率：应不低于现行国家标准《建筑照明设计标准》GB 50034的规定值；LED照明产品能效不低于现行国家标准《LED室内照明技术要求》GB/T 31831和现行行业标准《体育场馆照明设计及检测标准》JGJ 153的规定值。对能效高的LED灯具，照明功率密度相比目标值降幅可提高20%甚至可提高到30%。

功率因数：给灯具配电的回路，为提高有功功率减少无功损耗，关键是控制灯具的功率因数，对于灯具本身功率因数低的产品，应就地设置无功补偿装置。荧光灯的功率因数控制在不低于0.95；高强度气体放电灯的功率因数控制在不低于0.9；对功率容量P≤5W的LED灯，其功率因数控制在不低于0.75；对功率容量P>5W的LED灯，其功率因数控制在不低于0.9。

眩光限制：公共建筑主要功能房间和公共场所眩光限制应符合现行国家标准《建筑照明设计标准》GB 50034的规定。对于体育场馆照明的眩光限制应符合现行行业标准《体育场馆照明设计及检测标准》JGJ 53的规定。灯具的骚扰电压、谐波电流及电磁兼容抗扰度应符合现行国家标准《电气照明和类似设备的无线电骚扰特性的限制和测量方法》GB 17743、《电磁兼容 限制 谐波电流发射限制（设备每相输入电流≤16A）》GB 17625.1和《一般照明用设备电磁兼容抗扰度要求》GB/T 18595的规定。

E3-1-3　　　　　　　　　　方案设计

正确选择场所内照度标准、限制照明功率密度值，满足照度水平，避免过度照明

室内房间和场所一般照明功率密度限值在满足照度标准的同时，应优先采用现行国家标准《建筑照明设计标准》GB 50034规定中照明功率密度值（LPD）目标值的要求。

当建筑物内选择能效较高的灯具时，照明功率密度相比目标值降幅可提高5%~10%，选择高能效的灯具降幅更高。

正确利用计算公式，按使用功能及房间区域划分，合理计算照明功率密度值（LPD）。对于功能性灯具按功率的100%进行计算；对于装饰

性灯具，可按照功率的50%进行计算。在计算时均要纳入镇流器的功耗，并按节能产品即高效光源、灯具和整流器取值。

E3-1-4   方案设计
合理布置灯具，有效控制照明灯具的开启，融合利用自然光源和人工照明，达到节能控制的目的

重点照明单独布置单独控制：对于电化教室、会议厅、多功能厅和报告厅等场所的功能用房，讲台与投影区灯具单独控制，其他区域分列布置分列控制。

不同区域控制方式：对于有外窗的区域，要尽量考虑灯列与侧窗平行布置，靠近外窗的灯具与房间其他灯具应分列控制。

天然采光与人工照明控制方式：具有天然采光同时夜间又需要设置人工照明的区域，灯具独立布置，不同区域依功能要求设置不同的照度标准。

控制手段类别：灯具控制应根据功能特点采用合理的照明控制方式，方式可为手动控制、定时控制、光感控制、人体控制等。自动控制人工照明的方式也可采取分区、分组自动或手动控制，同时要合理考虑白天与夜晚及过渡时间段的照度控制。

走廊、楼梯间、卫生间、开水间照明控制：走廊、楼梯间、卫生间、开水间等场所为人员流动场所，采用自动感应开关控制或调光控制装置。采用自动控制应按上下班作息时间或人流习惯来控制成组灯具的数量。

地下车库照明控制：车位车道分区控制，车位传感器接受感应信号开启车位照明，车道平时设置基础照明，接受感应信号开启车道全部照明。

门厅、大堂、电梯厅等场所照明控制：这些区域为建筑内主要人员密集流动功能区域，但在下班和夜间即非工作时间，人流却较少，采取分

有人有车时停车场正常照度场景

无人无车时停车场低照度场景

组或调光控制方式、定时自动降低照度的控制方式，把照度降下来，以达到节能和满足使用的双重目的。

E3-1-5   技术深化
定时对灯具进行维护管理，提高发光效率，保证正常工作与生活

光源与灯具由于受室内环境粉尘的影响，会在其表面形成遮盖层，维护人员需定期对照明设施进行巡视和照度检查测试，制定照明灯具维护管理制度。根据《建筑照明设计标准》（GB 50034）中对维护周期的规定，维护人员要定期清洁光源和灯具。

灯具购买后应做好档案管理，根据光源的寿命或点亮时间定期更换光源。更换光源时，应采用与原光源参数相同的光源，不得任意更换光源的主要性能参数，以保证照明质量。

E3-1-6　　　　　　　　技术深化

在日照时间段需要人工照明的区域，可采用光导
管照明系统，有效利用自然光源，补充人工照明，
做到节能环保

光导管照明系统作为一种无电照明系统，通
过采光罩高效采集室外自然光线并导入系统内重
新分配，再经过特殊制作的导光管传输后由底部
的漫射装置把自然光均匀高效地照射到任何需要
光线的地方。

该系统主要由三部分组成：采光装置、传输
装置、漫射装置。采光装置：又称采光罩，是导
光管采光系统暴露在室外的部件，收集阳光。气
密性能、水密性能、抗风压性能和抗冲击性能是
其重要的性能指标。传输装置：又称导光管，是
传输光线的关键部件，其内表面反射比对于系统
效率有很大影响。漫射器：主要作用是将采集的
室外天然光尽量多且均匀地分布到室内，除保证
合理的光分布外，还应具有较高的透射比，提高
整个系统的效率。

光导管照明不用电，无频闪现象，使用年限
可以长达数十年，比传统的照明灯具具有更长的
使用寿命。系统各部件可以回收利用，不会对环
境造成任何污染。

在单层建筑和顶层建筑且内区较大的区域，
可采用光导管照明系统，将自然光源引入，作为
正常照明或对人工正常照明进行补充。如下图所
示对汽车库白天的人工照明进行了很好的补充。

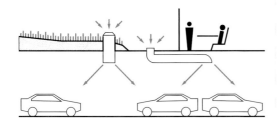

E3-2
室外照明环境

合理进行室外夜景照明设计，改善夜间环境质量和建筑物的功能效益，提高视觉功效，避免产生对周围环境中的生命造成伤害的直射光线，营造自然与和谐的城市夜环境氛围。

E3-2-1   技术深化
配置适宜于室外的高光效和低耗能光源，提高灯具效率的同时，可适宜引入太阳能路灯

室外夜景照明光源在满足现行行业标准《城市夜景照明设计规范》JGJ/T 163 污染的限制条件下，宜选用光源寿命长、发光效率高的光源，热带地区宜采用偏高色温，营造凉爽感觉；寒冷地区宜选用低色温，给人温暖的感觉；商铺橱窗采用显色指数较高的光源；其他功能建筑的室外一般场所不做特殊要求。室外常用光源技术指标见下表。

灯具无特殊要求尽量选用定型产品，采用效率高维护量小寿命长的灯具。根据使用场所采用不同防护等级的灯具；0类灯具不得在室外使用，除水下灯具应采用III类灯具，防护等级不低于IP68，埋地灯具防护等级不低于IP67外，其他

室外灯具防护等级不低于IP55。埋地灯由于防护等级高、维护量大、对附近行人易产生眩光，不建议设计中采用。对当地太阳能资源好、配电线路敷设难度大的区域，可采用适宜的太阳能路灯。

E3-2-2   技术深化
根据室外环境需求，确定照明水平和效果，通过智能控制方式对不同时间段路面照明及环境照明效果进行调节，利于节约能源

照明控制分手动和自动控制，手动控制主要靠人工操作，灯光变化单一不利于节能。自动控制分光控和时控，联动程序根据环境与功能的需求预先设定，无须人员操作，实现灯光的自动开启，利于节能。

室外园区及道路照明设施应分区或分组集中

室外常用光源技术指标

光源类型	发光效率（lm/w）	显色指数Ra	色温（K）	平均寿命（h）	适用范围
金属卤化物灯	>100	65~90	9000~15000	9000~15000	泛光照明、广场照明，一般不推荐
钠灯	>100	23~80	1700~2500	>20000	泛光照明、广场照明，一般不推荐
三基色荧光灯	>100	80~95	2700~6500	>9000	内透照明、广告灯箱等
LED光源	白光>100	60~80	2700~6500或彩色	>25000	广泛使用

控制，并应避免全部灯具同时启动。宜采用光控、时控、程控等智能控制方式，并具备手动控制功能。建筑夜景立面和环境效果照明可根据使用情况设置平日、节日、重大节日等不同的开灯控制模式。

园区道路的照明设计根据时间段内流量，通过控制器调节路面照度或亮度。当车行道与人行道并行时，可采用双光源灯具进行照明设计，通过开启不同光源达到满足不同时间段路面照明水平要求。

制定维护计划，定期进行灯具清扫、光源更换及其他设施的维护，以保证车辆运行与人员行走的安全及周边照明环境及建筑立面环境的效果。

E3-2-3　　　　　　　　技术深化
城市夜景照明应利用截光型灯具等措施，确保无直射光射入空中，避免溢出建筑物范围以外的光线，限制光污染

室外环境空间照明设计的灯光投射方向和灯具应采取防止产生眩光，尽量减少外溢光，避免直接采用照楼灯和照树灯，光污染限制应符合现行行业标准《城市夜景照明设计规范》JGJ/T 163-2008中第7章关于光污染控制的相关要求，即夜景照明设施在居住建筑窗户外表面产生的垂直照度、照明灯具朝居室的发光强度、灯具上射光通比的最大值、在建筑立面和标志面产生的平均亮度均不应大于规范规定值；室外非道路照明设施对汽车驾驶员产生的眩光的阈值增量不应大于15%；安装居住区和步行街的夜景照明设施应采取遮光措施，避免对行人及非机动车造成眩光。

E4

清洁能源

E4-1
光伏发电利用

根据地区日照条件、市政电力供应情况，在方案阶段有针对性地进行光伏发电系统配置设计；充分利用可再生能源，定制运行策略；结合建筑效果、发电容量需求，选择适宜的光伏设备，实现建筑光伏一体化，并达到发电效率、利用率最大化。

E4-1-1   策划规划

光伏发电系统的发电量主要取决于系统安装地的太阳能资源，气象资料的采集是系统设计中的重要步骤

太阳能是取之不尽、用之不竭的可再生能源，我国是太阳能资源比较丰富的国家，全国太阳能日照时数和年辐射量数据可参考全国太阳能日照时数和年辐射量表。

在设计中，要获取可利用的太阳能需要考虑多种条件，包括从当地的气象站或相关部门获取场地的太阳能资源和气候状况的数据，以及最近5～10年内上述各项数据的累计数据，用以评估太阳能资源和气候状况数据的有效性。太阳能资源数据主要包括：各月的太阳总辐射量（辐照度）或太阳总辐射量和辐射强度的每月日平均值，可参见太阳能资源数据表。

E4-1-2   方案设计

了解光伏发电系统构成形式，可帮助设计人员在设计中正确应用

光伏发电系统构成形式有两种，分别为并网系统和独立系统。

并网系统通过逆变器的输出电压可直接并入建筑配电的交流配电柜，与电网提供的市电共同供给建筑用电负荷使用。

独立系统相对于并网发电系统而言，属于独立的发电系统。其主要应用于偏远无电地区，其建设的主要目的是解决无电问题，其供电可靠性受气象环境、负荷等因素影响很大，供电稳定性也相对较差，很多时候需要加装能量储存和能量管理设备。

全国太阳能日照时数和年辐射量表

地区	名称	全年日照时数 （h）	年辐射量 （MJ/m²）
一类地区	青藏高原、甘肃北部、宁夏北部和新疆南部等地	3200~3300	7500~9250
二类地区	河北西北部、山西北部、内蒙古南部、青海东部、宁夏南部、甘肃中部、西藏东南部和新疆南部等地	3000~3200	5850~7500
三类地区	山东、河南、河北东南部、山西南部、甘肃东南部、福建南部、江苏中北部、安徽北部、广东南部、云南、陕西北部、吉林、辽宁和新疆北部等地	2200~3000	5000~5850
四类地区	长江中下游、福建、广东和浙江的一部分地区	1400~2200	4150~5000
五类地区	四川和贵州两省	1000~1400	3350~4190

说明：一~三类地区具有良好的太阳能条件，四、五类地区太阳能资源较差。光伏系统应在年日照辐射量不低于4200MJ和年日照时数不低于1400h的太阳能资源丰富的地区建设

太阳能资源数据表

等级	资源带号	年总辐射量 （MJ/m²）	年总辐射量 （kWh/m²）	平均日辐射量 （kWh/m²）
最丰富带	I	≥6300	≥1750	≥4.8
很丰富带	II	5040~6300	1400~1750	3.8~4.8
较丰富带	III	3780~5040	1050~1400	2.9~3.8
一般	IV	<3780	<1050	<2.9

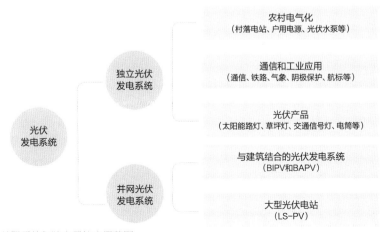

并网系统和独立系统应用范围

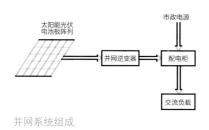

并网系统组成

并网运行余量上传电网

独立系统组成

E4-1-3 技术深化
了解当地电力基础建设水平，构建合适的光伏系统，充分保证电力资源与太阳能资源合理利用

太阳能发电系统作为市电辅助能源：对电力资源很好的地区，应首先利用市政电源，若太阳能资源很丰富，可根据项目需要，辅助设置部分太阳能发电。

太阳能发电系统与市电并网使用：对电力较为紧张、太阳能资源又很丰富的地区，可采用市政电源+太阳能发电相结合。

独立太阳能光伏发电系统：对没有配电到达或地域地形复杂电力难以到达的地区，可根据太阳能资源的情况，就地采用独立太阳能光伏发电系统。

由于光伏系统的特殊性，在民用建筑设计中，宜采取分散资源、分散利用、就地供电的原则，根据所需容量布局太阳能光伏电池数量，并尽量采用光电转换效率高的太阳能光伏电池。当光伏发电系统发电量不足自用则公网补充，若发电量自身消纳不完可上传公网。与公网并网要注意控制电压偏差、电压波动、闪变、频率偏差、谐波和电压不平衡度等电能质量指标，使其满足国家电网指标要求。

当光伏系统负载仅为直流LED灯或直流充电桩时，如地下停车场，光伏系统可为独立的直流系统，不需要直流/交流变换，减少逆变过程的电能损失。

E4-1-4 方案设计
选择适宜的光伏发电系统的关键是要了解光伏组件的分类

光伏组件是具有封装及内部联结的、能单独提供直流电流输出的、最小不可分割的光伏电池组合装置。其分类如下：

按电池种类分可分为：单晶硅组件、多晶硅组件、非晶硅组件、碲化镉组件铜铟镓硒组件……

按形态分可分为：普通组件、双玻组件、柔性组件。

按功能分可分为：构件型组件、建材型组件。

各种材料的转化效率和主要特点

代表类型			太阳能电池模块的转换效率（%）		主要特点和问题
			现在	NEDO 2030目标	
硅系统	块体硅	多晶硅	13~17	22	已经大批量生产
		单晶硅	16~18	—	转化率高
		硅棒	16	—	不需要切片
	薄膜类型（非晶硅，晶体硅）		7~12	—	适用于低温、大面积和多层制造，费用低
化合物半导体材料	单晶型（GaAs系统）		30~40	—	转化率高，但是费用高，含环境污染物质
	多晶型（CIGS, CdTe）		13	18	需要钢资源，要减少钢的消费、扩展钢的代替物，需要提高系统的稳定性
有机材料	染敏型		6	15	—
	有机薄膜型		4	—	

E4-1-5 深化阶段

根据建筑外形及所需负荷容量，确定光伏组件的安装位置、类型、规格、数量及光伏方阵的面积

设计人员经过综合性能分析确定采用光伏发电系统后，应对光伏组件所设置的位置、类型进行确认，再根据所需发电容量进行面积确定。

根据逆变器的额定直流电压、最大功率跟踪控制范围、光伏组件的最大输出工作电压及其温度系数，确定光伏组件的串联数（或称为光伏组串）。

根据逆变器容量及光伏组串的容量确定光伏子方阵内光伏组串的并联数；同一组串内，组件电性能参数尽可能一致，其最大工作电流Im的离散性应小于±3%。

光伏方阵应采用高效利用太阳能的方位角和倾角方式安装；安装光伏方列应进行阵列前后间距计算，以防止前排对后排的遮挡而引发光伏组件的热斑效应，避免降低组件发电能力使输出功率减少。以北京地区为例，选用235Wp多晶硅组件（1650×992×50），北纬39.9°，向南方向固定倾角安装安装量参照不同倾角安装量估算表。

E4-1-6 深化阶段

光伏电池板的安装应因地制宜，既要与建筑外形相融合，又要利于发电效率最大化

在建设光伏发电项目时，综合考虑建筑布局、朝向、日照时间、间距、群体组合和空间环境，满足光伏系统设计和安装的要求。安装位置尽量选择在发电效率最高的地方，如无遮挡的建筑屋面、自行车棚顶面、建筑南立面等，并保证冬至日全天不少于6h的建筑日照时数。

在考虑安装位置时，不仅要考虑采用降低风压的措施，还要考虑使用、维护、保养等必要的空间和承载。在多雪地区屋面安装光伏组件时，应考虑融雪或设置扫雪通道等措施，保障人员安全，避免积雪遮挡光伏组件。

不同倾角安装量估算表（北纬39.9°，选用235Wp多晶硅组件）

序号	角度（°）	年平均辐照量（kWh/m²）	1000m²安装量（kWp）
1	0	1340	140.7
2	5	1390	114.5
3	10	1440	97.1
4	15	1470	84.8
5	20	1500	75.9
6	30	1530	63.8
7	39.9	1530	56.7

注：选用目前常用的组件为例，不同组件，安装量将有所不同

E4-2
风力发电利用

风力作为没有公害的能源之一，取之不尽，用之不竭。但由于风量、风向的不稳定性，在民用建筑设计中应根据当地气象资料，结合风机的外形尺寸及场地条件等因素，因地制宜；构建的发电系统宜作为市电的补充电源使用。

E4-2-1　　　　　　　　　策划规划

民用建筑设计中，是否设置风力发电系统，应根据当地气象资料，确定其可行性

在考虑利用风力资源时，应收集场址所在地区气象台（站）的风速、风向、温度、气压及湿度等气象资料，收集的有效数据不宜少于收集期（一般至少为当地气象站近10年的气象资料）的90%。

E4-2-2　　　　　　　　　方案设计

考虑风力发电特性，在民用建筑中的应用宜将其所转化的电能作为辅助能源使用

风力发电系统由于受自然环境的影响较大，最显著的特点是多变性，即风产生能的间歇性和不确定性，风电场输出的随机变化根源于风速的波动和风向。另外风机的外形尺寸也会随着其输出功率的变化而有所变化。

在民用建筑中，通常能提供风力发电的场地有限，无法满足全部用电负荷的使用需求，故在系统的设置上只能考虑其所产生的电能纳入就近市电的低压用户侧，在系统选择上可采用风光互补、风储结合等多种形式。

E5
节能产品

E5-1
新型材料应用

配电导体与敷设管材应在满足正常安全使用的前提下，尽量采用节约型材料和资源丰富的新型材料，减少碳排放。

E5-1-1　　　　　　　　　　技术要点
在规范允许的范围内和导体截面不受敷设空间限制的场所可采用铜铝复合型铝合金电缆

　　配电导体材料除铜、铝外，还有铜铝复合型导体。铜是国民经济发展中应用最为广泛的重要基础原材料之一，但由于国内铜矿资源有限，长期以来生产不能满足国内消费需求，供需缺口较大，需要通过国际市场加以平衡，导致对进口铜材的依赖程度不断加深，成本随之增加。铝导体柔韧性好，有很好的弯曲性能，安装时有更小的弯曲半径，更容易进行端子连接，铝导体线缆的重量只有相同载流量铜缆的一半，安装运输成本相应降低。但铝导体在其他性能上明显弱于铜导体，详见铜与铝性能比较见表。

　　铝合金材料具有优良的性能，导电率是最常用基准材料铜IACS的61.8%，载流量是铜的79%，优于纯铝标准仅次于铜，抗大气腐蚀和加工性能好，材料具有良好的导热性能、抗腐蚀性能及柔韧性。

　　铝合金材料由于性能增强而有效地避免了纯铝导体电缆连接不稳定和机械性能低的问题，虽与铜导体的导电性和安全性及其他性能指标类同，但在成本上相对于铜芯电缆来说优势明显。另外，导电性一样的铝合金和铜材料，铝合金材料电缆的重量比铜芯材料电缆的重量轻，在同样体积下，铝合金的实际重量大约是铜的三分之一，相同载流量时铝合金电缆的重量大约是铜缆的一半，所以在电线电缆的安装项目中有一定的优越性。铝合金电缆是我国电缆行业发展的新材料，其导体不含铅、铬等重金属元素，回收率高，再生铝的综合能耗只是电解铝的5%，再生铜综合能耗是冶炼铜的18%，其生产过程消耗

铜与铝性能比较表

性能	说明	性能	说明
电阻率	铝芯电缆的电阻率比铜芯电缆约高1.68倍	耐腐蚀性	铜芯抗氧化，耐腐蚀，而铝芯容易受氧化和腐蚀
能耗低	由于铜的电阻率低，相比铝电缆而言，铜电缆的电能损耗低，这是显而易见的，这有利于提高发电利用率和保护环境	电压损失	铜芯电缆电阻率低，在同等截面流过相同电流情况下，铜芯电缆电压降比铝小，在允许同样电压降条件下，铜芯电缆输电距离远大于铝铜芯电缆
强度	常温下的允许应力，铜比铝高出7%~28%，高温下的应力，两者相差更是甚远	载流量	由于电阻率低，同截面铜芯电缆要比铝芯电缆允许的载流量（能够通过的最大电流）高30%左右
发热温度	在同样的电流下，同截面的铜芯电缆的发热量比铝芯电缆小得多，运行更安全	抗疲劳	铝材反复折弯易断裂，铜则不易；弹性指标方面，铜也比铝高约1.7~1.8倍
施工方便	铜芯柔性好、抗疲劳、反复折弯不易断裂，接线方便、机械强度高，能承受较大的机械拉力，给施工敷设带来很大便利	抗氧化	铜芯电缆连接头性能稳定，不会由于氧化而发生事故；铝芯电缆的接头不稳定，时常会由于氧化使接触电阻增大，发热而发生事故

10kV变压器外形尺寸对比表

变压器（带外壳）长×宽×高（mm）	敞开式立体卷铁心变压器	传统结构变压器
630kVA	1800×1350×1450	1800×1350×2000
800kVA	1800×1450×1500	1900×1350×2200
1000kVA	1850×1500×1600	1900×1350×2200
1250kVA	1850×1500×1600	2100×1450×2200
1600kVA	2000×1500×1650	2200×1450×2200
2000kVA	2100×1650×1850	2300×1450×2300
2500kVA	2100×1650×1850	2400×1500×2300

能源相对更少，CO_2排放更少。

设计人员在进行电缆选择时，首先应满足国家现行规范对电缆材料使用条件的要求，在规范没有特殊界定材质且敷设路由满足要求的条件下，可优先采用资源丰富、节能的铜铝复合型铝合金电缆。由于在满足同等电气性能前提下，使用铝合金电缆的截面是铜芯电缆截面的1.1~1.25倍，所以敷设路由占用空间相对大一些，在考虑敷设空间时，首先要合理规划路由。

E5-1-2
根据配电导体敷设的场所，采用管壁较薄、性能符合环境要求的管材，有利于节约用工用料，提高经济效益

电气配电金属导管包括焊接钢管和无缝钢管、套接紧定式钢导管和可弯曲金属管，套接紧定式钢导管和可弯曲金属管均属于管壁较薄的管材。

焊接钢管连接后外焊缝打磨光亮，内毛刺符合国家制造标准《低压流体输送用焊接钢管》GB/T 3091-2015的要求，不含绝缘层，内层不防腐，需刷防腐油漆，内毛刺会对导线绝缘造成损伤。无缝钢管由整块金属经热轧或冷轧或冷拔或挤压制成，表面没有接缝，管之间为丝扣连接。套接紧定式钢导管内壁光滑无毛刺，导线可顺利敷设且绝缘层不受损伤，保障线路安全性。从钢管镀锌方面来讲，采用热镀锌耐蚀性好，电镀锌耐腐蚀性相对差一些。上述管材均不具备抗震性能。在施工方面，钢管、套接紧定式钢导管均需借助器械煨弯，易产生死角，造成管材浪费，套接紧定式钢导管煨弯处极易锈蚀造成后期堵管现象。紧定式钢导管不像钢管那样借助器械裁剪，但成品长度短，需频繁连接，辅助工序多，辅材应用多。

可弯曲金属导管原材料为双面热镀锌钢带和热固性粉末涂料，较传统建筑电气保护管材类在防腐性能方面得到提升。内壁涂层采用静电喷涂技术紧密附着热镀锌钢带绝缘防腐，管内壁光滑平整无毛刺。可弯曲金属导管分为基本型、防水型、无卤防水型，适用于土建楼板墙体内暗配、明配及干燥场所和潮湿场所多种施工环境使用（基本型可用在正常环境屋内场所建筑物顶棚内或暗敷于墙体、混凝土地面、楼板垫层或现浇钢筋混凝土楼板内。防水型亦可在水蒸气密度较高的场所、有酸碱等腐蚀性的场所直埋地下素土内使用；无卤防水型在防火要求较高的电气施工场所中使用）。施工中可弯曲金属导管完全摒弃传统建筑电气保护管材类的繁琐施工流程，无须借助器械，用手即可弯曲并定型，煨弯不裂缝、无死角、不渗漏砂浆、操作简单方便、单卷长度长无需频繁连接焊接，借助普通施工钳类和刀具即可完成施工。具备抗震性能，伸缩性能最高可达5%。

焊接钢管和无缝钢管有很强的抗拉抗压能力，但可弯曲金属导管截面为异形截面，可有效分散来于单点/面对管壁的力量冲击，机械性能达到国家标准。但由于套接紧定式钢导管和可弯曲金属导管均属于薄壁管，施工过程需要注意在有可能受到重物压力或有明显机械撞击的部位，应采取加套钢管或覆盖角钢等保护措施，可弯曲金属导管还需要注意避免过度打弯，避免给后期穿线造成不利后果。

在绿色、节能、节材环保方面，焊接钢管、套接紧定式钢导管与可弯曲金属导管相比，同等内径焊接钢管用钢量比可弯曲金属管用钢量多2/3，耗钢量大，从而燃煤使用多，二氧化碳排放高。因此可弯曲金属导管更具绿色、环保特性。针对经济效益而言，可弯曲金属导管可塑性强，可应用于各种复杂环境条件下的电气施工，提高工作效率，节省工时40%~70%。据定额中

损耗率计算，焊接钢管、套接紧定式钢导管材料利用率为92%左右，而可弯曲金属导管材料利用率高达98%以上。

可弯曲金属导管消除了传统建筑电气保护管材类产品的生产施工弊端，结合新型绿色建筑的设计施工理念，创新传统钢材生产技术，是我国建筑材料行业新一代专业的电线电缆保护导管。可弯曲金属导管编入《建筑业10项新技术（2017版）》（为加快促进建筑产业升级，增强产业建造创新能力，住建部组织编制了《建筑业10项新技术（2017版）》，并通知各省、自治区住房城乡建设厅，直辖市建委，新疆生产建设兵团建设局推广应用，全面提升建筑业技术水平）。可弯曲金属导管属于绿色、节能、节材环保型产品，特别是在国家提倡资源节约、低碳、环保经济的大环境下，具备重要的节能推广价值。

E5-2
新型设备应用

在满足安全、绿色、环保、节能健康使用需求的同时，采用新型设备，有效地节约了能源，提高了建筑系统运行的经济性，对提高电能的利用率、节约电能、促进经济可持续发展和建设节约型社会具有重要意义。

E5-2-1　　　　　　　　　技术深化

合理选择新型节能变压器，利于减低设备自身损耗，节约电能，提高运行效率，实现设备空间的集约化

电力配电变压器作为利用电磁感应原理来改变交流电压的设备，存在空载损耗和负载损耗。随着科技水平的不断进步，新材料、新工艺的不断应用，新型低损耗配电变压器相继研发成功，并逐步应用到实际项目中。

目前民用建筑市场两大类型节能环保变压器分别是：SH15非晶合金变压器和S13、S14、S15系列等低损耗变压器。SH15非晶合金变压器采用非晶合金材料作为铁心材料，相比传统变压器如S11型空载损耗降低约60%；S13、S14、S15系列变压器，采用优质的硅钢片和优化的电磁设计，空载损耗较前系列产品空载损耗降低约30%；对于负载损耗，也均有不同程度的降低。

新型变压器——敞开式立体卷铁心干式变压器由于其自身结构特点，该产品除具有三相磁路平衡、损耗低、抗短路能力强、噪声低、漏磁小等技术优势外，其外形尺寸相比传统变压器有所区别，占地空间小，利于运输。10kV敞开式立体卷铁心干式变压器外形尺寸与传统结构变压器外形尺寸对比见10kV变压器外形尺寸对比表。

E5-2-2 深化阶段
采用带有智能模块单元的智能配电系统，将分散系统整合为统一管理平台，可节约空间、利于维护管理、提升系统运行效率

变电所内低压配电管理系统包括智能电力监控系统、分项耗电管理系统、电气火灾监控系统、智能防雷监管系统，每个系统配置各自主机、采集模块、感知器件，在配电柜内系统设备及管线相对较多，器件安装、网络线路搭接均占据配电柜的位置空间。

智能配电模块单元集电力监控功能、分项耗电采集表、电气火灾监控采集模块、智能防雷采集模块功能为一体，通过对现场感知器件的采集，利用数字技术将智能配电单元通过总线搭接，构建为统一平台的智能配电系统。

带有智能模块单元的智能配电系统可对回路进行数字化控制与管理，可精细化调整四段式保护、电流电压不平衡保护、过欠压保护、断相保护和热记忆等保护功能；通过智能配电模块单元之间通信联锁，实现上下级保护的配合，避免越级跳闸；实时监测配电回路用电数据及运行状态，智能分析线路电量和环境特征，准确定位故障的发生位置、类型及故障时间；根据节能条件可进行优化控制，实现低压配电系统的全方位监测、保护、控制和节约电能管理。

E5-2-3 技术深化
采用模块化控制保护开关 CPS，减少安装空间，简化内部接线，模块化结构便于维护

电动机和风机的配电由隔离器、断路器或熔断器、接触器或启动器、热继电器组成，每个元器件执行着各自的功能，内部相互协调配合。电动机综合保护器将上述元器件于一体，将每个元器件构建成模块化功能单元，当每个功能单元需要维护时，直接拆除和安装相应单元模块，不影响整体布局，也不影响元器件之间的线路连接，大大简化了配电箱的加工生产，节省了大量人力资源及材料，配电箱（柜）的空间尺寸也得到了有效控制，总体效益有明显提高。

本产品分为电子式和热磁式两大类型。电子式CPS通过电流互感器采集信息，由内置微处理器发出指令控制保护功能，产品应有防电磁干扰和对潮湿环境的适应能力。热磁式CPS是通过传统的双金属片受热弯曲的原理，实现保护功能，与分散式的元件一样具有对环境的适应能力，运行稳定；断路器、接触器、热磁保护模块各部分均为独立模块构造，便于单独拆分、更换。

需要注意的是综合保护器产品目前具有高分断能力，分断能力均不低于35kA，对于用电量很小的远端末端设备供电，若采用本品显得配置过高。

E5-2-4 技术深化
采用强弱电一体化设计，实现对机电设备配电和控制的有效运维与管理

强弱电一体化主要运用配电技术、自动化控制技术、电子技术、信息化技术、传感测控技术、软件编程技术，实现功能单元合理布局，将能效管理嵌入到整体系统中，可形成标准化的建筑设备节能控制与管理解决方案。

建筑内部采用强弱电一体化设计，可实现结构布线模块化，将强弱电系统有效整合，构成一体化系统，用集成控制单元模块，取代传统的机电控制柜二次回路，实现电机二次保护、电流采集一体化，并通过总线通讯可自由组网，达到节约能耗、降低成本的目的，同时施工便捷，接线简单，维护管理方便。

L1 – L4

景观专业

LANDSCAPE

理念及框架

目前，由于全球环境恶化、资源匮乏、能源短缺以及温室气体排放过量所导致的气候变化等问题的突显，可持续发展理念日益为世人所关注。而绿色建筑、生态性景观对环境的可持续发展具有重要意义。

生态性景观是对绿色建筑的延伸。生态性景观的目标在于，在景观规划设计、景观材料运用、景观施工建造和景观维护使用的整个生命周期内，减少能源的消耗，提高能效，减少对环境的污染。同时，由于景观是一个与环境及生态联系紧密的系统工程，其生态理念包含更多的引申层面的理解。

首先，在规划设计阶段，生态性景观秉持尊重自然、顺应自然、保护自然、最小干预的设计理念和方法，对场地内的原有地形地貌、水系、植被等绿色基底进行有效保护，最大限度地减少对自然环境的扰动，实现人与自然的和谐共生。这是与其他专业所不同的绿色含义，是真正的绿色生态理念。

其次，生态性景观要尊重地域文化与历史文脉，建设地域特色鲜明、永不过时、具有旺盛生命力的可持续性精品景观，从而最大限度地减少景观的重复性建设。

另外，生态性景观提倡，通过对废弃材料与旧材料的再利用，以及选用生态环保的景观材料与低维护的乡土植物品种，最大限度地降低景观建设及维护的能源消耗，从而建设可持续的"节约型园林"。

综上所述，生态性景观是人类对更加生态、健康、有益的生存环境的追求，是对人与自然和谐统一、天人合一理念的诉求。

L1

景观布局

我国土地幅员辽阔，各地气候差异明显；不同气候地区的建筑室外环境设计，应在景观总体布局阶段，即针对地形、水体、植被、铺装、构筑物等景观核心要素，提出具有适应性的布局策略，应对不同气候下的室外温差、风速、日照强度等环境特质；并借助各景观元素的布局，减少不利气候的影响，提升室外环境舒适度。

L1-1-1   策划规划
严寒及寒冷地区宜布置植物密林，有利于降低户外风速、提升室外温度

当建设用地处于严寒及寒冷地区，景观布局应注重防风防寒。在冬季风主导风向及主要风口处，宜结合景观地形布置植物密林与景观构筑物，防止人行活动区风速过高，创造出冬季温暖宜人的室外小气候环境。为更好地降低风速，景观地形高度宜大于2m，植物密林宜选择常绿乔灌复层密植林。

L1-1-2   策划规划
夏热冬冷地区应注重夏季防热遮阳、通风降温，冬季兼顾防寒

当建设用地处于夏热冬冷地区，景观布局应注重夏季防热遮阳、通风降温，冬季兼顾防寒。夏季宜在人员停留场所布置遮阳林地，形成林下活动空间；并尽量减少硬质铺地面积，或者将硬质铺地与绿地交叉布置，以降低室外温度。冬季应兼顾防风防寒，户外场地布局宜避风向阳，避免位于风口位置。

L1-1-3   策划规划
夏热冬暖地区宜布置亭阁、廊架等遮阳避雨设施及冠大荫浓的乔木，有利于降低室外温度

当建设用地处于夏热冬暖地区，景观布局应注重遮阳防晒，降低强太阳辐射影响。在人流集中区域，宜布置林下广场与凉亭、廊架等遮阳避雨设施，建立遮蔽空间，阻挡灼热的阳光，降低光照强度，提升室外环境舒适度。林下广场植物宜选择冠大荫浓的乔木。

L1-2
适应场地
现状特征

场地内现状自然环境各具特征，对场地内现状地貌、河湖水系、历史遗存的保护与尊重是可持续设计的根基。景观布局宜尽可能地保护自然、顺应自然，尊重场地现状特征，采用最小干预的设计理念与方法，最大限度地通过景观布局设计适应场地现状特征，从而实现人与场地、人与自然的和谐共生。同时，场地人文历史环境亦各不相同，景观设计应体现不同的地域文化特征。

L1-2-1
场地现状为山地、丘陵等地貌特征，宜保护及顺应原有地貌，减少地表形态的破坏

场地现状为山地、丘陵等地貌特征，景观布局应采取最小干预原则，顺应原有地貌，减少地表形态的破坏。建筑物、园路、广场等应顺应现状高程，因山就势，减少土石方工程量，力求场地内土方自平衡，节约工程造价，同时减少对环境的扰动。

L1-2-2
场地现状为河湖水系等特征，宜保护及利用原有水网肌理，减少对自然生境的破坏

河湖水系、坑塘、鱼塘生态斑块星罗棋布，是自然环境最主要的生态本底特色，对于自然生境的保护、动植物多样性的保护有着重要的意义。在景观布局中应该遵循最小干预原则，保护和利用现状的水系、湿地、鱼塘等，园路及休憩场地宜环水布置；对于被污染的水体，宜设计湿地系统，净化水质，恢复河湖湿地自然生境。

L1-2-3
场地现状为工业棕地、矿山等废弃地特征，宜进行生态修复，恢复场地自然生态环境

场地现状为工业棕地、矿山等废弃地特征，宜通过表层土壤置换、抗性植物净化深层土壤等生态修复手段，逐步建立具有自然演替能力的植被群落，以修复严重退化的土地，使场地的自然生态系统得以恢复。

L1-2-4
场地现状为历史遗迹、文化遗存等特征，宜进行保留与再利用，延续场地记忆，体现地域历史文化特色

场地现状为历史文化遗存特征，宜保留与利用原有历史建筑、道路、器物等，保护历史文脉资源，恢复场地历史自然环境；并深入挖掘当地历史文化内涵，营建具有科普教育意义、承载历史文化记忆的景观。

L2

景观空间

L2-1
优化户外
功能空间

建筑室外景观空间是给公众产生的第一印象，需要从实际的空间功能出发，根据不同的建筑性质，划分为不同的户外功能空间，满足不同的功能需求。公共建筑户外景观空间要求保障城市公共空间品质与提高公共服务质量；住宅建筑户外景观空间要求为老年人及儿童提供更加理想的游憩及游戏活动场所。两类景观空间均应注重安全性，保障公众的身心健康。

L2-1-1　　　　　　　　　　　方案设计

对于公共建筑户外景观空间，宜通过完善各类公共服务设施，满足公众的多元化需求，提高服务质量

对于公共建筑户外景观空间，宜通过设置休憩设施、遮阳避雨设施、休闲活动设施、照明设施等高品质的公共服务设施，使户外景观空间不仅具备观赏功能，还可满足公众的多元化需求，以人为本，体现户外景观的人性化设计。

L2-1-2　　　　　　　　　　　方案设计

对于住宅建筑户外景观空间，应着重考虑为老人、儿童等不同年龄段的群体提供理想的游憩及游戏动场所

住宅建筑户外景观空间要求为老年人及儿童提供更加理想的游憩及游戏活动场所。景观空间需满足不同年龄段群体的户外活动需求，体现空间的人性化设计。老年人活动场地旁需设置休息座椅，且留有轮椅或代步车的停留空间。儿童室外游乐场地须设置防冲撞、防滑、防跌落措施。

L2-1-3　　　　　　　　　　　方案设计

户外景观空间，需着重考虑便捷性与安全性，保障公众的身心健康

户外景观空间设计应注重安全性，避免出现安全死角，消除各类犯罪行为的安全隐患。景观材料应选择无毒无公害的生态环保材料，植物材料应选择无毒、无臭、无刺、无尖的植物品种。活动设施下应采用保护性地面，如塑胶地面、橡胶垫、沙坑等。在较深的水体旁，应设置安全提示标识。道路、活动场地等必须满足无障碍要求，以便老年人与残疾人安全便捷的通行。

L2-2
营造户外
怡人空间

建筑室外景观空间在满足空间功能需求的同时，还需要着重考虑光环境、风环境、水环境、声环境等场地要素对公众体感舒适度及植物造景的影响。宜在光环境、风环境、水环境、声环境分析的基础上，通过灵活调整户外活动空间的方位布局、开敞朝向，以及根据植物生态习性的科学配植，从而营造环境优美、舒适怡人的户外活动空间。

L2-2-1

宜通过日照分析，将户外空间布置在光照充足的区域，以便提升户外活动舒适度

对于建筑周边景观空间，科学的日照分析为确定户外活动场地位置与植物的种植位置提供科学的依据。户外活动空间宜布置在光照充足的区域，以便提升户外活动舒适度。建筑围合紧密的庭院区域，光照条件较差，宜在植物品种选择上，着重考虑耐阴植物，以减少后期的更换、养护工作。

L2-2-2

宜通过风环境分析，避免将户外空间布置在风口处，以减少强风的影响

建筑物会显著改变近地面风的流程。在有较强气流时，建筑物周围某些区域可能会出现强风，如果建筑物出入口、室外活动场地、露台等人群活动密集区位于强风区域，则会严重影响室外环境舒适度。因此，宜通过分析不同季节建筑对近地风环境的影响，避免将户外空间布置在风口处，并通过微地形、乔灌草群落种植等方式缓解近地高楼风的负面影响。

L2-2-3

宜通过水环境分析，合理布置户外空间，避免对水生态、水资源造成不利影响

通过科学的水环境分析，摸清场地内水体的水量、水质、水动力情况。对于水质良好的水体，户外空间宜环水布置，营造舒适怡人的亲水空间。对于被污染的水体，应首先进行水质的生态治理，同时合理布局户外空间，避免对水体的二次污染。植物浇灌应采用节水设计，减少水资源的浪费。

L2-2-4

宜通过声环境分析，设置景观地形、景观构筑物、植物密林等围合户外空间，以减少外界的噪声污染

通过声环境分析，对于场地内存在噪声污染的区域，宜采用设置景观地形、景观构筑物、植物密林等多种设计手段，进行空间的围合，形成一定的空间隔离与防护，以减少外界噪声污染的影响，形成静谧怡人的户外空间。

L3

景观材料

L3-1
优选植物材料

植物材料的合理选择与科学搭配对低碳景观建设具有重要意义。种植应以适应当地气候和土壤条件的乡土植物为主，合理搭配速生树与慢生树，构建可持续发展的异龄植物群落，有利于加强生态系统的稳定性和自身维护能力，有利于恢复场地生境、保护生物多样性。植物配置应科学选择节约型植物、低养护植物，以减少后期管理与养护的费用。

L3-1-1　　技术深化
宜合理选用乡土植物，利于设计本土化

宜优先使用成本低、适应性强、本地特色鲜明的乡土主树种，体现本土化的种植设计理念。乡土植物是受地域性气候、土壤、光照、水文等因素的影响，在长期演变中形成的地域性植物，其生理、遗传、形态特征与当地的自然条件相适应，具有较强的抗逆性和适应性，并且在保护生物多样性与维护城市生态系统方面具有十分独特的优势。

L3-1-2　　技术深化
宜选用抗污染植物，减少大气污染物，并科学合理搭配植物品种，形成具备自然演替能力的健康植物群落

植物可通过叶片吸收、富集大气中的有害污染物，并经过代谢作用分解、转化为无害物质。因此，宜推广选用具有较强吸收有害气体、滞留烟尘、杀灭细菌能力的抗污染植物，净化空气；并应根据植物生态习性，科学配植植物品种，合理确定速生树与慢生树比例，形成具备自然演替能力的异龄植物群落。

L3-1-3　　技术深化
宜合理选用节约型植物，以减少后期养护费用

植物配置应科学选择节约型植物、低养护植物以及高能效植物种类。具体来说，景观绿化必须要大力推广易养护、耐旱与耐贫瘠的植物种类，达到粗放管理的目的，以减少植物绿化后期管理与养护的费用。

L3-2
优选低碳材料

在景观建设过程中，通常会运用大量的硬质材料，如混凝土、石材、砖、瓦、木材等，从施工阶段到后期的维护管理阶段，都会在一定程度上造成材料以及能耗的消耗。因此，宜优先选择乡土建材、低碳环保材料、废弃材料、旧材料等低碳景观材料，以利于减少能源消耗。

L3-2-1   技术深化

宜合理选用当地建材，利于设计本土化

　　优先选用当地建材，就地取材，是设计低碳化的一个重要方面。当地建材最易找到，经济成本、运输成本最低，管理和维护成本也相应减少。当地建材包含砖、石、瓦、木材、竹材等，其在绿色景观营造中发挥着重要的作用。

北京世园会：将场地周边的枯死槐树主干进行切割、绑扎，置入地面，形成富有趣味性的景观互动座椅。

湖南永顺老司城遗址博物馆：挑选周边河道极具特色的红色砾石作为铺装主料，掺杂原色砾石，形成场地独有的景观步道色彩质感。

L3-2-2 技术深化

宜合理选用新型低碳环保材料，利于节能减排、绿色环保

　　宜合理选用新型低碳环保材料，例如透水混凝土、陶瓷透水砖、人工草坪、竹木地板、塑木复合材料、节能玻璃幕墙、再生木、钢渣透水砖等。低碳环保的新型景观材料具有可再生性、低能耗、健康性等特点，可有效地节约自然资源，降低二氧化碳排放量，促进人与自然的和谐及社会的可持续发展。

L3-2-3 技术深化

宜注重废弃材料、旧材料的再生与利用，利于节能低耗

　　宜通过艺术手法，将废弃的材料应用于景观，使其既能够再现原有的历史韵味，又可以融入现代景观主题中，赋予它们新的生命，体现循环经济的节能低耗。此外，注重"旧材新用"，例如，用碎石、陶粒、再生石、枕木、木屑等作为铺装材料，既可减少资源消耗、节约成本，又有利于降低地表温度、收集雨水、涵养地下水源。

南宁园博园项目：用枯树皮代替种植草覆盖树木根茎种植部位，避免由于浇水带来底部草坪的泥泞现象。

L4
景观技术

L4-1
运用立体
绿化技术

立体绿化是增加场地绿色植物总量、丰富绿化景观界面重要而有效的方式。通过设置屋顶花园、垂直绿化，有利于墙体的保温隔热，节约建筑能源；通过增加绿量，可有效减少室外环境局地热岛效应，吸尘，减少噪声及有害气体，从而改善提升室外环境舒适度；运用立体绿化不仅具有巨大的生态效益，而且大大增强了环境的观赏效果。

L4-1-1 方案设计
对于建筑屋顶平台，设置屋顶花园，利于节约能源，提升环境舒适度

对于建筑屋顶平台，在满足荷载要求的情况下，设置屋顶花园。屋顶花园一般面积小巧，易于进入，使用功能强，同时它也可以有效地控制顶层的温度，降低电耗，改善城市热岛效应。

屋顶花园的设计需注意荷载安全以及防水等问题，在有限的空间内因地制宜、以人为本，进行小而精、绿而美的设计。

国家计算机网络中心屋顶花园：屋顶花园通过一体化设计的棚架、铺地等元素，将设备机房、通风管井等设施进行整合，结合室内功能进行屋顶花园的动静分区与流线组织。

对于建筑及景观墙体，设置垂直绿化，利于增加绿量、改善小气候环境

对于建筑及景观墙体，在满足种植条件的情况下，设置垂直绿化。垂直绿化是立体绿化中占地面积最小、而绿化面积最大的一种形式，可利用闲置的墙面拓展绿化空间，并利用植物自身的湿润和滞尘能力，有效改善空气质量，保护建筑立面，调节建筑物温度，减少视觉和光污染。

合理选择立体绿化适用植物品种，并考虑南北差异，减少后期维护

立体绿化的植物选择，应以木本植物和多年生草本植物为主，着重考虑植物的成活率，选用具备抗性强、低养护、耐涝旱、耐瘠薄且枝叶生长茂盛的本土植物；同时考虑南北差异，北方应该选择耐旱、耐寒能力较强的植物，南方应选择耐涝、耐晒植物。苗木需经移植和特殊培育，未经培育的实生苗、野地苗、山地苗不得采用。

北京六里桥首发大厦屋顶花园

L4-2
海绵为先
灰绿统筹

在建筑室外空间合理设置透水铺装、生态植草沟、下凹式绿地、净水湿地等绿色雨水基础设施，通过"渗、滞、蓄、净、用、排"等多种技术途径，实现良性水文循环，既避免了洪涝，又有效地收集了雨水。海绵为先、灰绿统筹，是推动绿色建筑建设、低碳城市发展、智慧城市营造的创新表现，是新时代背景下低碳景观的基本要求。

L4-2-1 技术深化
合理运用透水铺装，渗排结合，滞蓄雨水

　　根据地区特点，合理运用透水铺装，渗排结合，滞蓄雨水。透水铺装材料通过采用多孔、大孔隙结构层或排水渗透设施，使雨水能够快速下渗，达到控制地表径流、补充地下水源的目的。但在南方多雨地区，对于地下水位较高或是地下土壤膨胀系数较大的红壤分布区，须注重渗排结合。

南宁园博园项目：设计大面积的透水混凝土铺装，利于雨水的快速下渗，实现大雨不积水、小雨不湿鞋。

L4-2-2 技术深化
在道路、广场旁宜合理设置生态植草沟，作为雨水的传输、下渗途径

　　在道路、广场旁宜合理设置生态植草沟，作为雨水的传输、下渗途径。生态植草沟是有植被覆盖的地表沟渠，通过植被的滞留、过滤、吸附功能，减缓径流速度、渗透净化雨水。生态植草沟的设计需注重耐水性植物的选择与搭配，既要满足生态排水的技术要求，又要满足公众审美的美学标准。同时，当场地汇水面积较大，排水量较大时，可将植草沟与灰色雨水设施结合设置，避免植草沟截面尺寸过大，影响美观。

南宁园博园项目：在道路旁设计旱溪型生态植草沟，利于雨水的传输与下渗，同时形成良好的景观效果。

南宁园博园项目：将现状鱼塘改造为雨水花园，种植丰富的湿地植被，形成自然野趣的景观氛围。

青岛中德生态园德国企业中心项目：在绿地低地处设置下凹式绿地，用于雨水收集、雨水回渗。

L4-2-3   技术深化

合理设置下凹式绿地，消纳场地雨水径流，自然下渗，回养土地

　　根据地区特点，合理设置下凹式绿地，消纳场地雨水径流，自然下渗，回养土地。下凹绿地以滞留、调蓄、净化为主要功能，在植被过滤地表径流中的大颗粒残渣和污染物后，补充地下水。北方多利用地形建立下凹绿地，可以充分发挥下凹绿地的调蓄功能形成季节性景观。

L4-2-4   技术深化

合理设置雨水花园及生态湿地，净化水质，调蓄雨水

　　合理设置雨水花园以及生态湿地，利用植物截流、土壤渗滤净化水质，减少污染；在雨季通过滞蓄削减洪峰流量，调蓄利用雨水。植物的选择上应考虑既可耐涝又有一定抗旱能力，既要具有去污性又要兼顾观赏性。通过合理的植物配置，雨水花园、生态湿地能够为昆虫与鸟类提供良好的栖息环境，营造具有生物多样性的湿地生态系统。

方法拓展栏

项目 首都博物馆　　摄影 本土设计研究中心

I

I 1 – I 4

智能化专业

INTELLIGENT

理念及框架

智能建筑是以建筑物为平台，基于对各类智能化信息的综合应用，集架构、系统、应用、管理及优化组合为一体，具有感知、传输、记忆、推理、判断和决策的综合智慧能力，形成以人、建筑、环境互为协调的整合体，是为人们提供安全、高效、便利及可持续发展的绿色建筑。[1]

本章主要从优化控制策略、提升管理效率、节约材料使用和节约空间利用四个方面提供设计优化思路，增强绿色建筑的智能化水平，节约能源、材料、运维人力的投入。

通过优化设备自动控制策略，实现建筑设备的有效控制和管理，保证建筑设施安全、可靠、节能高效地运行，进而实现绿色节能。建立建筑各类能源分项计量管理系统，通过对建筑各类能耗计量数据的实时监测与分类分项采集，实现对建筑综合能耗信息的集中管理，亦可通过对各种用能数据的分析，生成节能控制策略，使建筑实现持续性节能运行。

物业运维管理系统可以让建筑处于最佳的运行状态，保证绿色节能。物业运维管理智能化集成平台是将建筑内各种信息进行集成的管理平台，可以实现集中监视、控制、预测、调度等功能，大幅节省人力成本，提升建筑智能化管理水平。

合理规划信息网络及布线系统，通过对路由、线缆类型的优化设计，可以在满足布线需求的同时，节省线缆及配套设备、材料的使用，提升建筑的绿色性能。

弱电机房及竖井是智能化系统不可或缺的重要功能房间，承担各智能化子系统的运算、存储传输及各系统间的互联互通的工作，关系到内外通信、设备管控等重要功能的正常运行。合理优化弱电机房及竖井空间与利用，是绿色建筑设计中重要的一环。

基于智能建筑与绿色建筑发展现状，未来将物联网、云计算、大数据、人工智能等技术与绿色建筑设计理念融合，形成建筑自我感知、互联、分析、学习、预测、决策、控制的完整智慧系统，实现建筑智能化向智慧化方向发展，更好地服务于绿色建筑。

	I1-1	机电设备监控
I1 优化控制策略	I1-2	建筑能耗优化
	I1-3	智能场景优化
	I2-1	搭建基础智能化集成平台
I2 提升管理效率	I2-2	物业运维管理的提升
	I3-1	信息网络系统优化
I3 节约材料使用	I3-2	综合布线系统优化
	I4-1	弱电机房空间利用
I4 节约空间利用	I4-2	弱电竖井空间利用

I1

优化控制策略

I1-1
机电设备监控

作为绿色建筑实施过程中的重要手段之一，建筑机电设备监控系统最能体现建筑智能化控制的节能技术，实现建筑设备的有效控制与管理，保证建筑内机电设备的安全、可靠、节能高效运行。机电设备监控系统主要对中央空调系统、给水排水系统、智能照明系统、建筑供配电系统、电梯系统等设备进行统一管理与控制，通过对其进行监测、控制和集中管理，以达到绿色节能的目的。

I1-1-1　　　　　　　　　　　　　运维调试

对暖通专业冷热源系统、空调通风系统设备的运行工况进行监测、控制、测量和记录，实现降低能耗

　　冷热源系统设备作为建筑内最重要的设备之一，其控制系统不仅直接影响到设备是否安全可靠地运行，还影响其是否高效、节能地运行。冷冻站控制系统根据供回水的温度、流量、压力等参数计算系统冷量，控制机组运行状态，以达到节能目的。按照实际热负荷自动调整热交换器和热水集水泵的台数，保证热源的合理使用，达到最佳的节能和运行效果。

　　空调通风系统能有效保障室内温湿度等环境品质。为满足室内环境品质要求，智能化设计应综合考虑暖通专业的控制要求及功能需求，根据自控原理及优化控制策略，也可对暖通专业提出系统运行控制或采集数据点要求。

I1-1-2　　　　　　　　　　　　　运维调试

对给水排水、智能照明、建筑供配电、电梯、太阳能热水等系统进行监测、测量和记录，实现节能降耗

　　给水排水系统主要监测给水排水设备的运行状态、故障情况等信号，保障设备安全可靠运行。根据不同的时间和用途对建筑内的光环境进行智能控制，融合利用自然光和人工照明，设置合理的照明控制分区，达到节能目的。电梯群控系统能够有效地改善客流调度及运输效果，改变原先由于电梯的单独控制而造成的楼层电梯所处的位置分布不均、资源浪费、电梯损耗不均匀等状况。对供配电系统进行监测，通过测量的数据及耗电量，制定节能控制策略，采取行之有效的措施以达到节能的目的。

对建筑内环境空气质量进行监测、测量和记录，并与通风空调系统联动控制，有利于提升空气质量

建筑内空气质量监测宜包含对地下车库

CO、高大空间及人员密集场所的CO_2、公共区域的PM2.5、特殊区域的有害气体，通过建筑设备监控系统与空调通风设备进行实时联动控制，保证建筑物内舒适的环境。

I1-2
建筑能耗优化

建立建筑各类能源分项计量管理系统，通过对建筑各区域的用电、用水及空调冷热量、燃气等各类能耗计量数据的实时监测与分类分项采集，实现对建筑综合能耗信息的集中管理。系统集计量、数据采集、处理、能耗分析及能效发布于一体，实时监测各机电设备的工况和能源消耗状况，不仅可提高管理部门的工作效率，适应用户对能源管理的需求，亦可通过对各种数据、用能特点的分析，自动生成节能控制策略，使建筑实现持续性节能运行。[2]

根据能源的使用类型、管理模式，合理规划能耗分项计量方案

大型公共建筑的能耗由不同种类设备的能耗组成，按照不同要求对能耗进行分项，主要对建筑的用电、用水、燃气等进行分项计量，采用远程传输等手段采集能耗数据，实现绿色建筑能耗在线监测和动态分析。根据《绿色建筑评价标准》GB/T 50378中对能效分项计量的要求，对建筑内的空调设备、公共区域照明、厨房区域等用电宜进行分区域计量。

对建筑内生活用水，厨房用水、洗衣房、洗车库等用水量大的区域用水宜进行分项计量。对建筑内厨房、锅炉房等用燃气场所燃气消耗进行分项计量。对建筑内集中供热/供冷进行冷热量分项计量。对太阳能、风能、生物能等补充能源的用量进行计量。所有计量均可提供用量分析报告。

根据能源使用情况，合理规划节能策略及节能措施

能耗计量系统采取分项计量，是进行节能监测与管理的有效手段。大型公共建筑能耗巨大，缺乏准确数据为决策的制定提供参考。建立大型公共建筑能效监管平台，对大型建筑能耗进行实时监测，并通过能耗统计、能源审计、能效公示、用能定额和超定额加价等制度，促使有关部门提高节能运行管理水平，为政策制定和领导决策提供参考。

公共建筑能效监管平台为社会公共节能信息服务与行政决策提供支持，同时也必将成为智慧城市公共信息平台的重要组成部分，为构筑健康、宜居、生态、可持续发展的城市建设目标发挥积极作用。

I1-3
智能场景优化

随着科技的发展，智能家居、智慧楼宇的功能越来越完善。各专业节能环保的材料和理念奠定了绿色建筑基石，智能化控制手段则是绿色建筑强大的经脉和血管，不仅让各专业的理念和功效达到最优的呈现，更重要的是，也可以让各专业之间进行交流和共享，实现不同系统、不同设备之间的互联互通，提高跨平台、跨区域的数据完整性及可靠性。智能场景的应用可以有效提高效率、减少成本，使绿色建筑功能最大化。

I1-3-1　　　　　　　　　　　　　　　方案设计
智能场景模式的设置和优化，有助于快速实现功能应用，提高效率

　　智能会议模式、智能照明模式等智能场景模式的预设，一方面满足使用者的需求，另一方面也减少了因频繁调试而带来的能耗损失。在智能化的设计过程中，智能场景模式的集中管理和优化控制，需要设计师统筹考虑。

I1-3-2　　　　　　　　　　　　　　　方案设计
考虑智能化系统之间、各专业之间的场景联动，让绿色建筑更可期

　　随着智能化终端设备的广泛应用，智能场景模式的需求越来越多，单个智能化系统已很难满足各类应用场景。如：利用人脸识别、门禁、呼梯、信息发布等智能化系统实现智能迎宾场景模式，利用视频分析、出入口闸机、信息发布、智能引导等智能化系统实现智能参观模式，利用太阳能热水器实现大楼内生活热水的智能供给模式。跨系统、跨专业的智能场景模式，让绿色建筑更智能、更智慧。

12

提升管理效率

12-1
搭建基础智能化
集成平台

物业运维管理智能化集成平台是建筑内各种信息高度集成的管理平台，可对建筑内所有信息进行整合，实现监视、控制、预测、调度等功能。良好的物业运维管理可以让整个建筑处于最佳的运行状态，保证绿色节能，可以大幅节省人力成本，提升建筑智能化水平。

12-1-1 　　　　　　　　　方案设计
根据建筑特点，合理规划系统技术架构

　　智能化信息集成系统是在数据链路上为若干个相互独立、相互关联的系统提供高度统一的信息共享、相互协调、互控和联动功能，并建立起整个园区的集成监控和管理界面，提供二维和三维显示模式，操作者可从该界面上获取全面的系统信息，实现信息资源的优化管理和共享。将有集成需求的各子系统的有关信息汇集到一个系统集成平台上，通过对资源的收集、分析、传递和处理，从而对整个园区进行最优化的监控，达到高效、经济、节能、协调的运行状态。

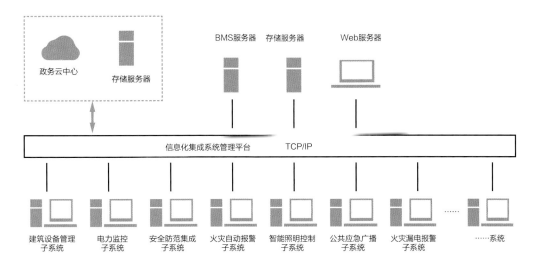

信息化集成系统管理平台构架图

I2-1-2   方案设计

根据建筑的不同需求，合理适配不同功能模块，并保证未来可扩展

　　智能化集成平台具备开放性与集成性，既是一个开放式的信息交互平台，能提供多种信息交互方式，让来自不同厂家的产品之间实现信息接入与系统间的功能集成，提供信息资源共享及不同系统间互操作的条件；又可以对各子系统采取分散控制、集中管理的模式。系统的各个组成部分，既可以独自行使职能，又可以进行系统间的信息交换，受平台的统一调控管理。

　　根据建筑的不同需求可配置不同的系统模块，让建筑的集成管理平台充分适用其本身，而不是千篇一律地生搬硬套。在建设方面避免很多冗余系统浪费性建设，使用方面也更能契合建筑本身需求，实现精准高效。

I2-1-3   方案设计

统一制定系统软硬件具有可扩展性的数据传输协议，统一标准

　　平台软件能够将既有的系统进行上层集成，从而继续使用既有设备，避免系统建设中的重复投入。统一的数据传输协议与标准将既存通信系统集成到上位系统，上位系统主要用于监视，同时进行控制和管理。协议与标准要实现双方向低延迟通信，让国内的中小型厂商也能参与开发，利用标准、简单的软件，即可轻松实现开发与系统集成，保证系统的可扩展性。

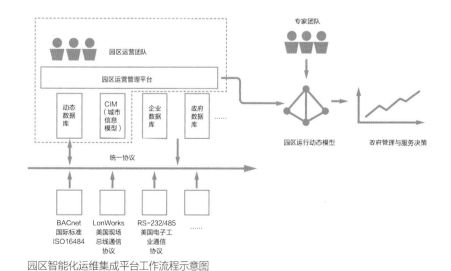

园区智能化运维集成平台工作流程示意图

12-2
物业运维管理
的提升

物业的运维管理在传统已有管理策略与技术的基础上，需要紧跟时代的步伐，将大数据、AR 等诸多技术应用于物业运维管理中，可有效提升运维管理效率，且带来了三方面的作用：让管理更加精细化，进一步降低建筑系统能耗与碳排放；让设备运行更环保高效；让使用人员更加舒适。

12-2-1
制定合理的物业运维管理策略

运维管理策略是运维管理中的重要指导思想之一，通常包括设备运行状态监管、能耗统计分析、设备维护等多个方面。每一项都包含监视、操作、控制等诸多内容，需要统筹整座建筑内的设备。节能降耗，数据先行，良好的运维依赖于各系统的数据互联互通，何时进行清洁、紧固、润滑、调整、检修，很大程度上取决于设备运行的状态数据。

12-2-2
应用人脸识别等技术使安防更可靠

智能视频分析功能使传统视频监控系统、出入口控制系统更加智慧，在一定程度上节省了传统视频监控的人工成本，并且识别更加可靠准确。人脸识别等技术的成熟可令视频监控系统自动识别人员身份，实现非接触式控制，使出入口控制实现无感控制，除传统的安全防范功能以外，还可实现更加智能的联动功能，也可上传至楼宇或城市控制平台，与城市数据互联互通。

12-2-3
运用 BIM、GIS 等先进技术使建筑内设备数据可视化

BIM、GIS等技术的引进，让原本枯燥生硬的数据，更加准确生动地表现在图片、监控视频、三维模型中，使传统建筑数据可视化程度大大提升，让数据更为清晰直观，更利于运维人员对建筑运行情况进行及时的掌握，并及时发现运行过程中出现的问题，以达到更好的运维效果。

12-2-4
应用虚拟现实、现实增强等新技术提高物业运维管理水平

虚拟现实与现实增强技术都是新兴计算机人机交互技术，可用于模拟不同环境。在物业运维管理中，结合BIM模型，可直观显示建筑的运行状态，对设备试运行工况、消防应急预演、故障应急预演等状况进行模拟，实现远程操作交互，维护信息实时查看反馈。

I3

节约材料使用

I3-1
信息网络系统
优化

信息网络系统承载着建筑物的信息传递，是其他智能化系统的基础。线缆及配套设备、材料，是智能化系统在建筑中使用量最大的材料。合理规划信息网络系统，可以从根源上节省线缆及配套设备、材料的使用。

I3-1-1　　　　　　　　　　方案设计
根据建筑特点，合理规划网络系统及其架构

　　信息网络系统应根据建筑功能、规模进行规划。出租型办公建筑宜采用无源光网络，相对传统交换机网络，大量减少铜缆的使用，还可以减少有源网络设备的使用。网络规模较大的建筑宜采用三层网络架构，即核心层、汇聚层、接入层，通过汇聚层的设置，大量减少接入层与核心层网络之间的线缆使用。当建筑物需要设置多套网络时，宜根据网络承载内容进行合理整合；多套网络间无物理隔离需求时的建筑，宜采用VLAN方式划分网络，节省网络设备的使用。

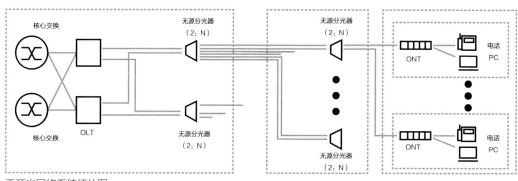

无源光网络系统拓扑图

常用无线技术对比表

	Wi-Fi	NB-IOT	LoRa	Zigbee
组网方式	基于无线AP	基于运营商网络	基于LoRa网关	基于Zigbee网关
网络部署方式	节点+AP	节点	节点+网关	节点+网关
传输距离	短距离	远距离	远距离	短距离
传输速度	>100Mbps	<100kbps	<50kbps	<100kbps
应用场景	室内外场景,高速设备接入	室外场景,超大型园区、管廊等	室外场景,大型园区	室内场景
无线网络典型应用场景:根据不同场景,合理选择无线网络技术的运用				

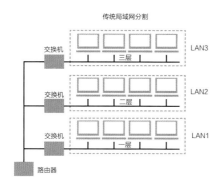

传统局域网分割

I3-1-2　　　　　　　　　　技术深化

充分利用多种无线网络,节约布线材料

　　无线网络与有线网络相比较,点位部署相对简单,可以从很大程度上节约线缆及配套设备、材料的使用;当设备支持PoE供电时,宜优先采用PoE方式供电,减少设备专用电源、电源线缆的使用。

　　无线网络AP设备宜具备节能功能,当接入用户数较少时,可降低设备功率,节约能源消耗。除传统无线网络(Wi-Fi)外,宜结合实际需求,考虑运用多种无线网络技术,如蓝牙、Zigbee、LoRa等。

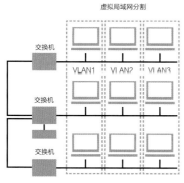

虚拟局域网分割

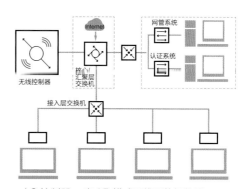

AC 控制器 + 瘦 AP 模式无线网络拓扑图

I3-2
综合布线系统
优化

通过对路由、线缆类型的优化设计，可以在满足布线需求的同时，节省线缆及配套设备、材料的使用，不仅能节省资金，更具有极大的绿色环保意义。

合理规划布线路径，减少线材使用

综合布线路径宜按照建筑功能规划及末端设备位置合理规划，尽量减少往复路径，减少布线线缆及桥架、线管等配套设备和材料的使用，例如：在顶板下或吊顶下安装的设备，宜采用上走线方式布线；开间办公区域宜采用网络地板，线缆通过地板下空间布线。相同类型线缆或线缆间无干扰影响的情况，宜合理整合布线桥架，减少桥架及配套材料的使用。

提高光纤、低烟无卤线缆等环保管线材料的使用比例

光纤一般由石英或塑料等可再生原料制成，具有传输速率高、距离远、重量轻的特性，使用光纤布线，可减少铜或其他金属的使用；考虑到光缆外径一般较小、重量较轻，使用光缆布线还可以减少管材、桥架等材料的使用，是提升绿色建筑节能节材的手段之一。低烟无卤线缆，是指由不含卤素（F、Cl、Br、I、At）的材料制成，燃烧时不会发出卤素气体烟雾的线缆。布线时采用低烟无卤或其他类型的环保线缆，除具有环保、减少污染的特性外，还具有一定的阻燃性能、燃烧时释放的有毒气体少等安全特性。

低烟无卤线缆与PVC线缆对比表

	低烟无卤线缆	PVC线缆
环保性	不含铅、镉等对人体有害的重金属，在电缆使用及废弃处理时不会对土壤、水源产生污染	差
燃烧毒性	燃烧时不会产生HCL等气体，排放的酸气少，对人员和设备、仪器损害小	在燃烧时会产生含卤化氢、一氧化碳、二氧化碳等有毒气体的烟雾
阻燃性	良好	差

采用低烟无卤线缆布线：低烟无卤线缆相对普通线缆，具有环保、阻燃、低毒性的特点

14

节约空间利用

14-1
弱电机房空间利用

弱电机房设置智能化系统的核心设备，承担各智能化子系统的运算、存储及各系统间互联互通的工作，关系到内外通信、设备管控等重要功能的正常运行。同时弱电机房荷载要求、环境要求较高，功率密度较大，所以合理优化弱电机房空间与利用，是绿色建筑设计中重要的一环。

14-1-1 方案设计
弱电机房选址应综合考虑建筑位置、围护结构等因素

弱电机房选址除需满足规范中的各项要求外，宜综合考虑建筑规模及各个弱电竖井的位置，相对居中设置，避免缆线路由过长等问题。为减少弱电机房空调制冷的能源消耗，弱电机房宜设置在围护结构保温能力较好的位置，且不宜设置外窗。

14-1-2 方案设计
机房设备应选用节能、集成度高的产品，提升空间利用率，宜选用模块化产品

为减少能源消耗，设置在弱电机房内的交换机、服务器等设备宜采用节能型产品，为弱电机房服务的UPS（Uninferruptible Power Supply不间断电源）宜采用高效率型设备，在降低弱电系统整体功耗的同时，还可以降低空调制冷的能源消耗。机房内交换机、配线架等设备宜采用端口密度较高的设备，减少设备占用空间，条件允许的情况下，宜采用模块化机房，进一步提高机房的空间利用率。

|4-2
弱电竖井空间
利用

弱电竖井是智能化系统不可或缺的重要功能房间，承载着各个末端与核心机房间的信号传输、分发工作。弱电竖井虽然面积较小，但其分布在建筑中，数量较多，设计过程中合理规划弱电竖井，可以减少施工过程中线缆、桥架等资源的使用。

|4-2-1   方案设计
弱电竖井选址应综合建筑位置、楼层数量、设备数量合理规划

弱电竖井在建筑中的位置应充分覆盖服务区域，并且宜靠近末端设备需求量更高的位置，从而减少水平布线线缆用量。各楼层的弱电竖井宜上下对应，或留有竖向路由。当每层末端设备数量较少时，宜跨楼层合用弱电竖井内的设备，从而减少不必要的设备或端口浪费。

|4-2-2   方案设计
弱电竖井应设置通风、空调设施，提升设备效率，延长设备寿命

弱电竖井内的设备会产生热量，尤其是随着智能化程度不断的发展，弱电竖井内的设备数量也越来越多。根据竖井内设备实际需求，合理配置通风、空调设备，让设备工作在合理的环境下，可以提高设备的工作效率，并有效延长设备寿命，节省绿色建筑运行的投入。

注释
[1] 中华人民共和国住房和城乡建设部. 智能建筑设计标准（GB50314-2015）[M]//智能建筑设计标准（GB50314-2015）. 中国计划出版社, 2015.
[2] GB/T 7714中国勘察设计协会建筑电气工程设计分会. 中国建筑电气与智能化节能发展报告. 2014[M]. 中国建筑工业出版社, 2015. P185

方法拓展栏

附录

附录 1
国内各气候区气候特征梳理及对建筑设计的基本要求

1 引言

1.1 建筑设计须回应地域气候

2015年中央城市工作会议提出了我国新时期"经济、适用、绿色、美观"的八字建设方针，"绿色"二字被提到了新的高度。绿色建筑的概念在不断演进，在我国，总的来说是围绕《绿色建筑评价标准》GB/T 50378-2014 当中的主要评分项"节能、节材、节水、节地、环保"展开的，其中，对于"节能"一项而言，建筑设计呼应当地气候显得尤为重要；最近出版的《绿色建筑评价标准》GB/T 50378-2019当中对"绿色"的概念有所拓展，主要评价方面为"安全耐久、健康舒适、生活便利、资源节约、环境宜居、提高与创新"，其中，对"环境宜居""资源节约""健康舒适"三项而言，建筑设计呼应当地气候也起到决定性作用。

新旧两版《标准》对"绿色建筑"的定义均为："在全寿命期内，节约资源、保护环境、减少污染，为人们提供健康、适用、高效的使用空间，最大限度地实现人与自然和谐共生的高质量建筑。"气候作为"自然""环境""资源"的重要组成部分，是建筑设计需重点考虑的一个方面，这一点已成为建筑设计从业者的共识。

1.2 影响建筑设计的气候要素

气象参数主要包括气温、气压、风、湿度、云、降水以及各种天气现象等。但对建筑设计具有主导性影响的气候要素相对具体。刘加平院士（2009）[1]指出，"在研究人体热舒适感及建筑设计时，涉及的主要气候要素有：太阳辐射、空气温度和湿度、风及雨雪等。这些要素是相互联系的，共同影响着建筑的设计和节能。"

[1]刘加平，谭良斌，何泉. 建筑创作中的节能设计[M]. 中国建筑工业出版社，2009.

1.3 我国气候特征

"我国幅员辽阔，地形复杂。各地由于纬度、地势和地理条件不同，气候差异悬殊。根据气象资料表明，我国东部从漠河到三亚，最冷月（一月份）平均气温相差50℃左右，相对湿度从东南到西北逐渐降低，一月份海南岛中部为87%，拉萨仅为29%，七月份上海为83%，吐鲁番为31%。年降水量从东南向西北递减，台湾地区年降水量多达3000mm，而塔里木盆地仅为10mm。北部最大积雪深度可达700mm，而南岭以南则为无雪区。"（朱颖心等，2010）[2]

总体而言，我国气候有三大特征："显著的季风特色、明显的大陆性气候和多样的气候特征。"（夏伟，2008）[3]

[2]朱颖心. 建筑环境学[M]. 中国建筑工业出版社, 2010.

[3]夏伟. 基于被动式设计策略的气候分区研究[D]. 清华大学, 2009.

2 我国的气候区划及设计要求

2.1 《民用建筑热工设计规范》中的气候区划及设计要求

"不同的气候条件对房屋建筑提出了不同需求。为了满足炎热地区的通风、遮阳、隔热，寒冷地区的采暖、防冻和保温的需求，明确建筑和气候两者的科学关系，我国的《民用建筑热工设计规范》GB 50176-2016从建筑热工设计的角度出发，将全国建筑热工设计分为五个分区，其目的在于使民用建筑（包括住宅、学校、医院、旅馆）的热工设计与地区气候相适应，保证室内基本热环境需求，符合国家节能方针。"（朱颖心等，2010）[2]

表1 建筑热工设计一级区划指标及设计原则

一级区划名称	区划指标		设计原则
	主要指标（单位：℃）	辅助指标（单位：d）	
严寒地区（1）	$t_{min·m} \leq -10$	$145 \leq d_{\leq 5}$	必须充分满足冬季保温要求，一般可以不考虑夏季防热
寒冷地区（2）	$-10 < t_{min·m} \leq 0$	$90 \leq d_{\leq 5} < 145$	应满足冬季保温要求，部分地区兼顾夏季防热
夏热冬冷地区（3）	$0 < t_{min·m} \leq 10$ $25 < t_{max·m} \leq 30$	$0 \leq d_{\leq 5} < 90$ $40 \leq d_{\geq 25} < 110$	必须满足夏季防热要求，适当兼顾冬季保温
夏热冬暖地区（4）	$10 < t_{min·m}$ $25 < t_{max·m} \leq 29$	$100 \leq d_{\geq 25} < 200$	必须充分满足夏季防热要求，一般可不考虑冬季保温
温和地区（5）	$0 < t_{min·m} \leq 13$ $18 < t_{max·m} \leq 25$	$0 \leq d_{\leq 5} < 90$	部分地区应考虑冬季保温，一般可不考虑夏季防热

注：$t_{min·m}$ 表示最冷月平均温度；$t_{max·m}$ 表示最热月平均温度；
　　$d_{\leq 5}$ 表示日平均温度 ≤ 5℃的天数；$d_{\geq 25}$ 表示日平均温度 ≥ 25℃的天数。

因此，建筑热工设计分区用累年最冷月（1月）和最热月（7月）平均温度作为分区主要指标，累年日平均温度≤5℃和≥25℃的天数作为辅助指标，将全国划分成 5个区，即严寒、寒冷、夏热冬冷、夏热冬暖和温和地区，并提出相应的设计要求。如表1所示。

2.2   《建筑气候区划标准》/《民用建筑设计通则》中的气候区划

表2   建筑气候区划标准一级区划指标

区名	主要指标	辅助指标	各区辖行政区范围
I	1月平均气温≤-10℃ 7月平均气温≤25℃ 7月平均相对湿度≥50%	年降水量200~800mm 年日平均气温≤5℃日数≥145d	黑龙江、吉林全境；辽宁大部、内蒙古中、北部及陕西、山西、河北、北京北部的部分地区
II	1月平均气温-10~0℃ 7月平均气温18~28℃	年日平均气温≥25℃的日数<80d 年日平均气温≤5℃的日数145~90d	天津、山东、宁夏全境；北京、河北、山西、陕西大部、辽宁南部；甘肃中东部以及河南、安徽、江苏北部的部分地区
III	1月平均气温0~10℃ 7月平均气温25~30℃	年日平均气温≥25℃的日数40~110d 年日平均气温≤5℃的日数90~0d	上海、浙江、江西、湖北、湖南全境；江苏、安徽、四川大部，陕西、河南南部；贵州东部；福建、广东、广西北部和甘肃南部的部分地区
IV	1月平均气温>10℃ 7月平均气温25~29℃	年日平均气温≥25℃的日数100~200d	海南、台湾全境；福建南部；广东、广西大部以及云南西部和元江河谷地区
V	7月平均气温18~25℃ 1月平均气温0~13℃	年日平均气温≤5℃的日数0~90d	云南大部；贵州、四川西南部；西藏南部一小部分地区
VI	7月平均气温<C18℃ 1月平均气温0~-22℃	年日平均气温≤5℃的日数90~285d	青海全境；西藏大部；四川西部、甘肃西南部；新疆南部部分地区
VII	7月平均气温≥18℃ 1月平均气温-5~-20℃ 7月平均相对湿度<50%	年降水量10~600mm 年日平均气温≥25℃的日数<120d 年日平均气温≤5℃的日数110~180d	新疆大部；甘肃北部；内蒙古西部

来源：《建筑气候区划标准》GB 50178-93

在我国《建筑气候区划标准》GB 50178-93中提出了建筑气候区划，它适用的范围为一般工业建筑与民用建筑，适用范围更广，涉及的气象参数更多。"一级区划以1月平均气温、7月平均气温、7月平均相对湿度为主要指标，以

图1　中国建筑气候区划图
（来源：中国地图出版社编制）

年降水量、年日平均气温低于或等于5℃的日数和年日平均气温高于或等于25℃的日数为辅助指标。在各一级区内分别选取能反映该区建筑气候差异性的气候参数或特征作为二级区区划指标。"如表2所示。须指出，《建筑物理（第四版）》附表中出现的气候区划图来源于此（图1）。

2.3 《民用建筑设计统一标准》中的气候区划及设计要求

中国现有关于建筑的气候分区主要依据《建筑气候区划标准》GB 50178-93和《民用建筑热工设计规范》GB 50176-2016，两者明确了各气候分区对建筑的基本要求。本条主要是综合二者而成的建筑热工设计分区及设计要求。

由于建筑热工在建筑功能中具有重要的地位，并有形象的地区名，故将其一并对应列出；建筑气候区划反映的是建筑与气候的关系，主要体现在各个气象基本要素的时空分布特点及其对建筑的直接作用，适用范围更广，涉及的气候参数更多。

由于建筑热工设计分区和建筑气候一级区划的主要分区指标一致，因此，两者的区划是相互兼容、基本一致的。建筑热工设计分区中的严寒地区，包含建筑气候区划图中的全部Ⅰ区，以及Ⅵ区中的ⅥA、ⅥB，Ⅶ区中的ⅦA、ⅦB、ⅦC；寒冷地区，包含建筑气候区划图中的全部Ⅱ区，以及Ⅵ区中的ⅥC、Ⅶ区中的ⅦD；夏热冬冷、夏热冬暖、温和地区与建筑气候区划图中的Ⅲ、Ⅳ、Ⅴ区完全一致（图2）。

图2　建筑气候区划与建筑热工设计分区的对应关系图（部分）
（来源：中国地图出版社编制）

《民用建筑设计统一标准》GB 50352-2019中表3.3.1对我国气候区的区划标准及对建筑基本要求。如表3所示。

表3　不同区划对建筑的基本要求

建筑气候区划名称		热工区划名称	建筑气候区划主要指标	建筑基本要求
I	IA IB IC ID	严寒地区	1月平均气温≤-10℃ 7月平均气温≤25℃ 7月平均相对湿度≥50%	1. 建筑物必须充分满足冬季保温、防寒、防冻等要求； 2. IA、IB区应防止冻土、积雪对建筑物的危害； 3. IB、IC、ID区的西部，建筑物应防冰雹、防风沙
II	IIA IIB	寒冷地区	1月平均气温-10~0℃ 7月平均气温18~28℃	1. 建筑物应满足冬季保温、防寒、防冻等要求，夏季部分地区应兼顾防热； 2. IIA区建筑物应防热、防潮、防暴风雨，沿海地带应防盐雾侵蚀
III	IIIA IIIB IIIC	夏热冬冷地区	1月平均气温0~10℃ 7月平均气温25~30℃	1. 建筑物必须满足夏季防热、遮阳、通风降温要求，冬季应兼顾防寒； 2. 建筑物应满足防雨、防潮、防洪、防雷电等要求； 3. IIIA区应防台风、暴雨袭击及盐雾侵蚀； 4. IIIB、IIIC区北部冬季积雪地区建筑物的屋面应有防积雪危害的措施
IV	IVA IVB	夏热冬暖地区	1月平均气温>10℃ 7月平均气温25~29℃	1. 建筑物必须满足夏季遮阳、通风、防雨要求； 2. 建筑物应防暴雨、防潮、防洪、防雷电； 3. IVA区应防台风、暴雨袭击及盐雾侵蚀
V	VA VB	温和地区	1月平均气温0~13℃ 7月平均气温18~25℃	1. 建筑物应满足防雨和通风要求； 2. VA地区建筑物应注意防寒，VB地区应特别注意防雷电
VI	VIA VIB	严寒地区	1月平均气温0~-22℃ 7月平均气温<18℃	1. 建筑物应充分满足保温、防寒、防冻的要求； 2. VIA、VIB应防冻土对建筑物地基及地下管道的影响，并应特别注意防风沙； 3. VIC区的东部，建筑物应防雷电
	VIC	寒冷地区		
VII	VIIA VIIB VIIC	严寒地区	1月平均气温-5~-20℃ 7月平均气温≥18℃ 7月平均相对湿度<50%	1. 建筑物应充分满足保温、防寒、防冻的要求； 2. 除VIID区外，应防冻土对建筑物地基及地下管道的危害； 3. VIIB区建筑物应特别注意积雪的危害； 4. VIIC区建筑物应特别注意防风沙，夏季兼顾防热； 5. VIID区建筑物应注意夏季防热，吐鲁番盆地应特别注意隔热、降温
	VIID	寒冷地区		

3 本导则采用的建筑气候区划及设计要求

综合我国各标准、规范对建筑气候区划的定义，本导则主要参考《建筑气候区划标准》GB 50178-93中的建筑气候区划、各气候区的气候特征定性描述和对建筑的基本要求。整理如下：

图3　中国建筑气候区划图-Ⅰ区

（来源：中国地图出版社编制）

3.1　第Ⅰ建筑气候区

该区冬季漫长严寒，夏季短促凉爽；西部偏于干燥，东部偏于湿润；气温年较差很大；冰冻期长，冻土深，积雪厚；太阳辐射量大，日照丰富；冬半年多大风（图3）。

该区建筑的基本要求应符合下列规定：

一、建筑物必须充分满足冬季防寒、保温、防冻等要求，夏季可不考虑防热。

二、总体规划、单体设计和构造处理应使建筑物满足冬季日照和防御寒风的要求；建筑物应采取减少外露面积、加强冬季密闭性、合理利用太阳能等节能措施；结构上应考虑气温年较差大及大风的不利影响；屋面构造应考虑积雪及冻融危害；施工应考虑冬季漫长严寒的特点，采取相应的措施。

三、ⅠA区和ⅠB区尚应着重考虑冻土对建筑物地基和地下管道的影响，防止冻土融化塌陷及冻胀的危害。

四、ⅠB、ⅠC和ⅠD区的西部，建筑物尚应注意防冰雹和防风沙。

图4 中国建筑气候区划图-Ⅱ区
（来源：中国地图出版社编制）

3.2   第Ⅱ建筑气候区

该区冬季较长且寒冷干燥，平原地区夏季较炎热湿润，高原地区夏季较凉爽，降水量相对集中；气温年较差较大，日照较丰富；春、秋季短促，气温变化剧烈；春季雨雪稀少，多大风风沙天气；夏秋多冰雹和雷暴（图4）。

该区建筑的基本要求应符合下列规定：

一、建筑物应满足冬季防寒、保温、防冻等要求，夏季部分地区应兼顾防热。

二、总体规划、单体设计和构造处理应满足冬季日照并防御寒风的要求，主要房间宜避西晒；应注意防暴雨；建筑物应采取减少外露面积、加强冬季密闭性且兼顾夏季通风和利用太阳能等节能措施；结构上应考虑气温年较差大、多大风的不利影响；建筑物宜有防冰雹和防雷措施；施工应考虑冬季寒冷期较长和夏季多暴雨的特点。

图5   中国建筑气候区划图-Ⅲ区
（来源：中国地图出版社编制）

三、ⅡA区建筑物尚应考虑防热、防潮、防暴雨,沿海地带尚应注意防盐雾侵蚀。

四、ⅡB区建筑物可不考虑夏季防热。

3.3　第Ⅲ建筑气候区

该区大部分地区夏季闷热,冬季湿冷,气温日较差小,年降水量大,日照偏少;春末夏初为长江中下游地区的梅雨期,多阴雨天气,常有大雨和暴雨出现;沿海及长江中下游地区夏秋常受热带风暴和台风袭击,易有暴雨大风天气(图5)。

该区建筑基本要求应符合下列规定:

一、建筑物必须满足夏季防热、通风降温要求,冬季应适当兼顾防寒。

二、总体规划、单体设计和构造处理应有利于良好的自然通风,建筑物应避西晒,并满足防雨、防潮、防洪、防雷击要求;夏季施工应有防高温和防雨的措施。

三、ⅢA区建筑物尚应注意防热带风暴和台风、暴雨袭击及盐雾侵蚀。

四、ⅢB、ⅢC区北部建筑物的屋面尚应预防冬季积雪危害。

图6　中国建筑气候区划图-Ⅳ区
(来源:中国地图出版社编制)

3.4　第Ⅳ建筑气候区

该区长夏无冬,温高湿重,气温年较差和日较差均小;雨量丰沛,多热带风暴和台风袭击,易有大风暴雨天气;太阳高度角大,日照较小,太阳辐射强烈(图6)。

该区建筑基本要求应符合下列规定:

一、该区建筑物必须充分满足夏季防热、通风、防雨要求,冬季可不考虑防寒、保温。

二、总体规划、单体设计和构造处理宜开敞通透，充分利用自然通风；建筑物应避西晒，宜设遮阳；应注意防暴雨、防洪、防潮、防雷击；夏季施工应有防高温和暴雨的措施。

三、ⅣA区建筑物尚应注意防热带风暴和台风、暴雨袭击及盐雾侵蚀。

四、ⅣB区内云南的河谷地区建筑物尚应注意屋面及墙身抗裂。

图7　中国建筑气候区划图-Ⅴ区
（来源：中国地图出版社编制）

3.5　第Ⅴ建筑气候区

该区立体气候特征明显，大部分地区冬温夏凉，干湿季分明；常年有雷暴、多雾，气温的年较差偏小，日较差偏大，日照较少，太阳辐射强烈，部分地区冬季气温偏低（图7）。

图8　中国建筑气候区划图-Ⅵ区
（来源：中国地图出版社编制）

该区建筑基本要求应符合下列规定:

一、建筑物应满足湿季防雨和通风要求,可不考虑防热。

二、总体规划、单体设计和构造处理宜使湿季有较好的自然通风,主要房间应有良好朝向;建筑物应注意防潮、防雷击;施工应有防雨的措施。

三、VA区建筑尚应注意防寒。

四、VB区建筑物应特别注意防雷。

3.6　第VI建筑气候区

该区长冬无夏,气候寒冷干燥,南部气温较高,降水较多,比较湿润;气温年较差小而日较差大;气压偏低,空气稀薄,透明度高;日照丰富,太阳辐射强烈;冬季多西南大风;冻土深,积雪较厚,气候垂直变化明显(图8)。

该区建筑基本要求应符合下列规定:

一、建筑物应充分满足防寒、保温、防冻的要求,夏天不需考虑防热。

二、总体规划、单体设计和构造处理应注意防寒风与风沙;建筑物应采取减少外露面积,加强密闭性,充分利用太阳能等节能措施;结构上应注意大风的不利作用,地基及地下管道应考虑冻土的影响;施工应注意冬季严寒的特点。

三、VIA区和VIB区尚应注意冻土对建筑物地基及地下管道的影响,并应特别注意防风沙。

四、VIC区东部建筑物尚应注意防雷击。

图9　中国建筑气候区划图-VII区
(来源:中国地图出版社编制)

3.7　第VII建筑气候区

该区大部分地区冬季漫长严寒,南疆盆地冬季寒冷;大部分地区夏季干热,吐鲁番盆地酷热,山地较凉;气温年较差和日较差均大;大部分地区雨量稀少，气候干燥，风沙大；部分地区冻土较深，山地积雪较厚；日照丰富，太阳辐射强烈（图9）。

该区建筑基本要求应符合下列规定：

一、建筑物必须充分满足防寒、保温、防冻要求，夏季部分地区应兼顾防热。

二、总体规划、单体设计和构造处理应以防寒风与风沙，争取冬季日照为主；建筑物应采取减少外露面积，加强密闭性，充分利用太阳能等节能措施；房屋外围护结构宜厚重；结构上应考虑气温年较差和日较差均大以及大风等的不利作用；施工应注意冬季低温、干燥多风沙以及温差大的特点。

三、除ⅦD区外，尚应注意冻土对建筑物的地基及地下管道的危害。

四、ⅦB区建筑物尚应特别注意预防积雪的危害。

五、ⅦC区建筑物尚应特别注意防风沙，夏季兼顾防热。

六、ⅦD区建筑物尚应注意夏季防热要求，吐鲁番盆地应特别注意隔热、降温。

附录 2
绿色建筑设计工具与应用

1 理念与框架

设计工具与应用是在建筑(或工程项目)从策划、设计、施工、运营直到拆除的全寿命周期内设计和管理工程数据的技术。通过相应的应用软件,创建项目的建筑信息模型,设计者就可在设计的各个阶段,方便地对设计方案进行优化比选,或对方案作出合理调整,从而作出更加有利于建筑可持续性的选择。与传统的二维、三维设计软件相比,在方案设计的初期阶段就能够方便快捷地得到直观、准确的建筑性能反馈信息,是进行建筑可持续性设计的最大优势。

新的设计理念与新的设计技术相结合,于是绿色BIM(Green BIM)应运而生,即以BIM作为工具,结合当地的气候条件,强调从设计之初便通过"设计""评估"的决策循环,进行建筑效能分析,通过BIM可持续设计技术来得到最佳设计方案,满足可持续发展的目的。

绿色设计中建筑信息模型(BIM)的应用,主要体现在绿色设计指标提取、节能计算、算量统计、模拟仿真、绿色设计评估等方面。以BIM模型为载体,提取模型内相关参数与信息,以达到高效、高质地进行绿建指标计算、节能计算、算量、模拟、评估等,辅助绿色设计方法的落地。

绿色设计强调整个建筑生命周期中,在建造和使用流程上对环境的保护和对资源使用效率(包括降低材料消耗、节能、减排等)的提高。BIM可持续设计与绿色设计目标关注点相同,结合BIM技术,进行绿色设计的系统性实施步骤如下:①界定基于BIM的绿色设计范围 → ②目标设定 → ③气象资料获取→ ④BIM性能化模拟 → ⑤方案优化。

BIM模型可以实现与部分绿色分析软件的交互,一个模型可以对接多种分析软件,提高工作质量与工作效率。BIM软件可以提供三种与分析软件交互的文件格式,分别为DXF文件格式、gbXML文件格式以及IFC文件格式,可以实现与Energy plus、PHOENICS、Ecotect Analysis等分析软件的直接对接。但是对于不能与BIM直接对接的分析软件仍需要重新建立模型，目前BIM模型与绿色性能分析软件的交互仅局限于BIM软件能够提供的文件格式，还需要进一步的开发。

另外，绿色建筑设计最基本的要求是使建筑满足相应的绿色建筑评价标准，在设计阶段应满足标准中所有控制项的要求。BIM模型可以为绿色设计提供全面的建筑信息，为直观判断绿色建筑在设计阶段是否满足相关控制项以及相关评价标准提供了可能。

2　能源高效利用与性能模拟

2.1　建筑室内外风环境模拟

2.1.1　场区风环境模拟分析，优化总图布局和建筑形体及自然通风潜力

在建筑方案设计阶段，根据当地气象数据，采用计算流体力学CFD技术，通过不同季节典型风向、风速对建筑室外风场进行模拟分析，评估规划和建筑形体对室外风环境的影响，预测潜在问题。应对场区局部风速过大、出现涡流或者无风区的情况进行重点研究，优化总图布局、建筑形体以及景观方案，尽可能减少室外风速、涡流和无风区，或者将建筑方案中的进排风口避开涡流区和无风区。

2.1.2　场区热岛效应分析，优化场地铺装、绿植等室外景观方案

城市中建筑和道路大量吸热材料的使用，导致热岛效应越来越严重，在建筑设计中应考虑减小热岛效应。通过流体力学CFD模拟技术对建筑场区的热岛强度进行模拟分析，优化室外景观方案设计，减少热岛强度。

2.1.3　建筑室内自然通风分析，优化外窗布局、开口形式及面积

首先结合当地气象数据、建筑功能及建筑方案，分析项目适宜采用自然通风的区域和季节。在完成厂区风环境模拟分析的基础上，采用网络区域通风法或者计算流体力学CFD技术对室内自然通风效果进行模拟计算，优化外窗或玻璃幕墙开窗位置、方式和开口面积等内容，增强室内自然通风效果。

2.1.4　高大空间气流组织分析，优化空调送风方式和气流组织设计

高大空间的通风和空调供暖系统下的气流组织应满足功能要求，避免气流短路或环境参数不达标。设计过程中应对高大空间的气流组织进行详细的模拟分析，优化通风和空调系统的送排风方式、风量等设计内容。

2.1.5　特殊空间室内污染物分析，优化室内外送排风位置、风量等设计

针对一些产生污染物的特殊空间，需注意室内污染物的扩散，应及时将污

染物排出，以免影响室内空气质量。设计过程中应采用计算流体力学CFD技术对室内外污染物浓度模拟分析，优化室内送排风口位置及风量，以及室外排风口的位置，从而提高室内环境品质，保证室内环境质量。

2.2 建筑空调照明能耗模拟

2.2.1 建筑能耗初步分析，充分考虑采用各项被动式技术方案

根据项目特点、气候特征等因素，初步筛选适合项目的被动式技术措施，如天然采光、自然通风和保温隔热等。在建筑方案设计阶段重点关注适宜的被动式技术应用，通过对建筑方案进行初步能耗模拟计算，从而对建筑朝向、建筑保温、建筑体形、建筑遮阳、较佳的窗墙比进行优化。

2.2.2 逐项节能技术措施的节能潜力分析，确定项目节能技术措施

在技术深化阶段，待建筑方案和机电方案确定后，应开展详细的空调和照明能耗模拟分析，并逐项分析各项节能技术措施，如高效冷热源设备、可调新风比、冷却塔供冷、风机水泵变频、高效照明灯具和智能照明控制系统等技术的节能潜力，从而作为设计优化的依据。

2.2.3 可再生能源系统能耗分析，优化确定系统方案

在项目开始前，应对项目地点的可再生能源情况进行详细的调研分析，并结合项目特点、功能需求等因素初步筛选适用的可再生能源类型及用途。

在建筑方案设计阶段，根据经验初步估算该用途的能源需求量，并以此初步确定可再生能源系统方案。

技术深化阶段需进行能源平衡分析，对建筑能耗和可再生能源系统的能源提供量进行模拟计算，并在全年范围内将二者进行平衡分析，以此优化确定可再生能源系统方案。

2.3 建筑室内外光环境模拟

2.3.1 建筑日照模拟分析，优化总图布局和建筑方案

在建筑方案设计阶段，应尽早开展建筑日照模拟分析，优化总图布局和建筑方案。不仅确保本项目满足当地政府规划部门的日照要求，还可以结合景观设计为室外人员活动区域等需要日照的区域提供日照的设计建议。

2.3.2 天然采光模拟分析，优化平面布局和天然采光技术方案

对建筑方案进行天然采光模拟计算，分析各区域采光系数分布情况，判断其采光效果，以此作为依据，优化建筑平面布局和采光口面积及其他采光技术方案。

2.3.3　建筑遮阳模拟分析，优化建筑立面遮阳方案

对于有外遮阳需求的项目应进行建筑外遮阳效果模拟计算，同时应进行外遮阳对室内采光效果的影响分析。综合考虑遮阳效果及采光影响，优化确定项目的外遮阳技术方案。

2.3.4　典型区域采光和眩光模拟分析，优化采光产品选择

在技术深化阶段，确定建筑采光技术方案后，需开展不同采光产品下室内天然采光效果以及室内眩光的模拟对比分析，从而优化选择合适的采光产品和对应的技术参数。

2.4　建筑室内外声环境模拟

2.4.1　建筑室外噪声模拟分析，优化总图布局和景观设计方案

在建筑方案设计阶段应充分考虑项目周边的噪声源，如公路、交通设施和工矿企业等，以及场区内噪声源，如冷却塔等。对室外区域进行声压级模拟计算，优化总图布局和景观设计方案，如将噪声敏感的功能房间布置在远离噪声源的区域，以改善场区声环境。

2.4.2　建筑室内噪声模拟分析，优化围护结构及声学材料构造做法

室外噪声源、围护结构隔声性能以及室内噪声源均影响到室内背景噪声。通过室内背景噪声模拟分析，优化建筑平面、空间布局以及围护结构和声学材料构造做法，营造一个良好的声环境。

2.4.3　特殊房间声学模拟分析，优化空间体形和声学材料布置方案及构造做法

对有特殊声学要求的空间间，如电影院、剧院、报告厅等空间，在建筑设计过程中需进行专项声学设计。通过对特殊空间的声学模拟计算，分析声场的混响时间、语音清晰度等内容。在建筑方案阶段对室内空间体形进行优化。在技术深化阶段为建筑声学材料布置方案及构造做法提供指导建议。

3　BIM 技术的管理与应用

3.1　基于 BIM 的绿色设计指标提取

3.1.1　居住建筑人均居住用地指标

居住建筑人均居住用地指标是指每人平均占有居住用地的面积，是控制居住建筑节地的关键性指标。从BIM模型中提取总用地面积和总户数，通过比值计算得出人均居住用地指标。在模型准确性保证的前提下，总户数由模型中户型房间数目提取得出。

3.1.2 公共建筑容积率

公共建筑容积率是指公共建筑总建筑面积与总用地面积的比值，衡量土地的开发强度。公共建筑总建筑面积由BIM模型中面积类型为"总建筑面积"的面积构件按照国家标准进行面积规则的计算得出。总用地面积为BIM模型中红线范围面积。

3.1.3 绿地率

绿地率是指用地范围内各类绿地的总和与用地面积的比值，衡量用地范围绿地水平。用地面积为BIM模型中红线范围面积。居住区各类绿地包括：公共绿地、宅旁绿地；公共绿地又包括居住区公园、小游园、组团绿地及其他带状块状绿地。

3.1.4 住区人均公共绿地

住区人均公共绿地是指用地范围内各类绿地总和与总人数的比值，是反映城市居民生活环境和生活质量的重要指标。总人数提取方式与"居住建筑人均居住用地指标"相同。各类绿地面积总和提取方式与"绿地率"相同。

3.1.5 玻璃幕墙透明部分可开启面积、外窗可开启面积

玻璃幕墙基于幕墙构件，透明且可开启部分以幕墙嵌板的几何信息"面积"为数据基础，针对不同的可开启方式对应不同的计算规则，最终得出可开启面积，外窗可开启面积区别于幕墙的只是对象不同，规则相同。

悬窗和平开窗的开窗角大于70°时，可开启面积应按窗的面积计算，当开窗角度小于或等于70°时，可开启面积应按窗最大开启时的水平投影面积计算。推拉窗的可开启面积应按开启的最大窗口面积计算。

平推窗设置在顶部时，可开启面积按窗的1/2周长与平推距离乘积计算，且不应大于窗面积。平推窗设置在外墙时，可开启面积按窗的1/4周长与平推距离的乘积计算，且不应大于窗面积。

如上所述，从BIM模型中提取的窗的参数信息包括：窗的开启角度，窗的宽度、高度、平推距离等。

3.1.6 居住建筑窗地比

居住建筑窗地比是指主要功能房间窗洞口面积与该房间地面面积的比值，是估算室内天然光水平的常用指标。数据提取路径为基于房间构件，提取房间的净面积和该房间外墙上的窗的洞口面积。

3.2 基于 BIM 的节能计算

3.2.1 门窗类型统计

基于BIM的设计模型，在完整性、规范性、准确性具备的前提下，可通过明细表统计门窗类型。模型需包含统计所需参数信息：类型名称、高度、宽度、构造类型、防火等级、图集做法、功能、区域等。

3.2.2 体形系数计算

体形系数是指建筑单体总表面积与体积的比值。建筑总表面积计算方式为建筑每层外轮廓长度与建筑层高的乘积总和。总体积计算方式为建筑每层面积与层高的乘积总和。

3.2.3 工程构造设置（基于材料库、构造库）

工程构造设置基于BIM模型材料做法库、材质属性、构件之间嵌套关系确定，可直接从模型中提取。

3.2.4 结露计算、隔热计算、节能检查

BIM模型是信息完整、准确的模型，可提供节能检查所需的全部模型和信息。

3.3 基于 BIM 的算量统计

3.3.1 门窗工程

通过BIM明细表中的格式、排序/成组、过滤器等功能，从BIM模型中可以提取门窗工程量和其他门窗构件的附带信息，包括各种型号的门窗数量、尺寸规格、板框材面积、门窗所在墙体的厚度、楼层位置以及其他造价管理和估价所需信息。

3.3.2 房间用料

基于BIM模型中已有的房间参数信息，包括楼地面、顶棚、墙面、踢脚等，定义相应的各做法计量规则，通过明细表功能，在设计过程中及时统计房间的用料。生成房间用料表后，可实时对模型中房间信息进行核查更新、设计优化。通过格式、排序/成组、过滤器等功能对房间进行整理和信息输入，形成最终的设计模型并自动生成相应的图纸，做到模型图纸完全统一。

3.3.3 混凝土结构、钢结构工程量

通过BIM软件中的参数化设计功能可以将模型中的每个构件编号，运用统计表的手段可以将编号归并，从而统计出不同构件的种类和数量，这不仅方便了构件加工，减少工厂的加工时间，同时也能准确地统计出钢结构的工程量。

3.3.4 机械设备、管道及附件

利用BIM模型可直接导出和统计不同机械设备的数量及参数，以及管道、管件及管路附件的直径、长度、材质、系统类型等参数。

通过生成的明细表可为算量提供依据，同时可直观体现在设计优化过程中对机械设备、管道及附件的优化。

综上所述，利用BIM算量模型进行工程算量统计和优化，具有以下特点：①计算能力强，BIM模型提供了建筑物的实际存在信息，能够对复杂项目的设计进行优化，可以快速提取任意几何形体的相应数据；②计算质量好，可实现构件的精确算量，并能统计构件子项的相关数据，有助于准确估算工程造价；③计算效率高，设计者对BIM模型设计深化，造价人员直接算量，可实现设计与算量的同步；④BIM附带几何对象的属性能力强，如通过设置阶段或分区等属性进行施工图设计进度管理，可确定不同阶段或区域的已完工程量，方便工程造价管理和优化。

3.4 基于 BIM 的模拟仿真

3.4.1 风环境仿真模拟分析

风环境模拟利用计算流体力学（CFD）技术实现对建筑室内外气流场分布状况进行模拟预测，考察建筑室外区域的风速、风压分布，以此对其周边区域的室外风环境分布状况进行分析评价，进而为室内自然通风舒适性提供参考依据。目前，CFD仿真模拟软件常用的有Autodesk Simulation CFD、PHOENICS、ANSYS Fluent等。

BIM信息模型建立软件采用Autodesk Revit系列软件，计算软件采用目前较为流行的PHOENICS软件的FLAIR模块，建立基于BIM技术的风环境性能化模拟实施方法：

· BIM信息模型建立：根据项目总平面图建立项目及周边风环境BIM信息模型，并根据模拟需要简化相应模型。

· CFD模拟软件边界条件确定：通过模拟分析软件计算网格的划分和边界条件的设定（来流边界条件与出流边界条件），得出仿真模型在空间和时间上流场的渐进解，从而对建筑室内外风环境等问题进行模拟分析。

· BIM信息数据导入CFD模拟软件：将BIM模型通过插件直接导入到CFD模拟软件（操作过程中发现，传统的做法将BIM模型导出dxf、gbXML等标准交换格式文件，然后再导入CFD软件中使用，会发生模型信息缺失、数据冗余等问题，造成计算报错和计算速度缓慢的情况），BIM模型输出结果至CFD模拟分析软件，其数据传递为闭合的流程，实现数据对接，并可选择地导出BIM模型构件数据，避免冗余信息，实现数据快速计算。

· CFD模拟软件计算区域划分：根据工程实际情况合理选择计算区域和模型简化后划分网格，选取CFD模拟软件计算控制方程。

·计算得出合理准确模拟结果：选择模拟计算方程通过准确设定边界条件和辅助参数信息，观察计算结果的收敛情况，从而得出最接近实际情况的模拟工况结果。

建筑内部自然通风方式、机械通风的气流组织是否合理等问题，也可利用CFD模拟软件进行分析。模拟建筑在外窗全部开启的情况下，其室内通过自然风压形成的室内气体流动，对建筑室内的自然通风状况进行预测，为建筑功能布局、窗口位置提供合理化建议，并为内部通风系统提供节能策略。此外，通过确定风口布置、风口形式以及风量等设计参数设定模型计算参数，对室内机械通风的气流组织情况进行分析，根据气流流向、流速、流量分布等数据，分析通风空调方案的合理性及方案优化比选。

在高大空间或对风速要求较高房间的空调设计方面，CFD仿真模拟显得更为重要。通过对其内部温度场、矢量场、压力场等进行研究，保证人员活动区域温湿度、风速满足设计要求，避免产生直吹感或通风死角等。同时，可通过CFD仿真技术进行通风空调方案的优化比选，在保证方案合理性的同时实现节能设计，并为人员营造一个健康舒适的室内环境。

3.4.2　光环境仿真模拟分析

光学仿真模拟一般涉及建筑物的自然采光、人工照明等仿真模拟分析，从而得出自然采光系数分布图等结果。利用光环境仿真模拟可得出建筑空间内部的采光系数分布图，直观的结果可确定建筑物的开窗形式及窗口尺寸、比例是否合理，并为自然采光提供优化措施，最大限度地利用自然光，减少人工照明的同时保证室内照度分布的均匀性，从而营造良好的室内光环境。配合灯具性能的参数设定，优化人工照明设计方案，合理布置灯具，减少眩光等有害光照。目前常用的模拟软件有Autodesk Ecotect Analysis、Dialux、Radiance等。

BIM信息模型建立软件采用Autodesk Revit系列软件，计算软件采用目前较为流行的Autodesk Ecotect Analysis，建立基于BIM技术的室内自然采光环境性能化模拟实施方法：

· BIM信息模型建立：根据项目平面图建立项目及周边日照采光环境BIM信息模型，并根据模拟需要简化相应模型。

· BIM信息数据导入光环境模拟软件：将BIM模型导出dxf、gbXML等标准交换格式文件（Revit 与Ecotect analysis的数据交换主要有两种，一种是gbXML格式文件，可以用来分析建筑的热环境、光环境、声环境、资源消耗量与环境影响、太阳辐射分析，也可以分析阴影遮挡、可视度。另一种是dxf格式文件，适用于光环境分析、阴影遮挡分析、可视度分析等），同gbXML文件格式相比，dxf文件格式分析出的结果效果更好，但对于复杂的模型，dxf文件导入Ecotect Analysis软件中的速度较慢，需合理简化模型，根据对模拟结果的不同要求，合理划分网格，节省计算资源。

·计算得出合理准确模拟结果：设置模拟条件，根据模拟结果调整、完善设计方案。

3.4.3 热能仿真模拟分析

热能仿真模拟分析主要包括日照分析，室内热环境分析，热岛强度分析等。日照分析主要研究建筑群组之间相互遮挡和影响的关系。通过仿真模拟，得出建筑群中各建筑单体全年时间内任意时间的全天日照总时数，生成日照时间分布图，用于确定建筑物布局、确定建筑物之间合理间距，在不产生不合理遮挡的前提下最大限度地节省土地。室内热环境分析主要研究太阳辐射、围护结构传热传湿、人为释热等因素对室内热环境的影响。通过仿真模拟，得出室内温度场、矢量场等结果，用于确定建筑遮阳方式、建筑保温材料与保温形式、验证室内通风空调方案的合理性等常用软件有Autodesk Ecotect Analysis、清华日照分析软件、ANSYS Fluent等。

BIM信息模型建立软件采用Autodesk Revit系列软件，计算软件采用目前较为流行的PHOENICS软件的FLAIR模块，建立基于BIM技术的热能环境性能化模拟实施方法：

·BIM信息模型建立：根据项目总平面图建立项目及周边环境BIM信息模型，并根据模拟需要简化相应模型。

·CFD模拟软件边界条件确定：通过模拟分析软件计算网格的划分和边界条件的设定，对建筑热能环境等问题进行模拟分析。

·BIM信息数据导入CFD模拟软件：将BIM模型通过插件直接导入到CFD模拟软件，BIM模型输出结果至CFD模拟分析软件，其数据传递为闭合的流程，实现数据对接，并可选择导出BIM模型构件数据，避免冗余信息，实现数据快速计算。

·计算得出合理准确模拟结果：选择模拟计算方程通过准确设定边界条件和辅助参数信息，观察计算结果模拟情况，从而得为方案优化提出解决方案。

3.4.4 声环境仿真模拟分析

室外声环境（噪声）仿真模拟分析，通过在建筑群组受周边交通道路、人群嘈杂等影响下，模拟建筑表面及内部的噪声分布，通过噪声等声线图、声强线图等模拟结果可为建筑物布局、道路规划的合理性、隔声屏障设置等提供科学的技术分析依据，得出建筑周边噪声分布情况、优化围护结构隔声设计等。室外声环境（噪声）仿真模拟分析主要模拟软件包括Cadna/A、SoundPLAN等。室内声环境仿真模拟分析主要模拟软件有Raynoise、Virtual Lab等。

BIM信息模型建立软件采用Autodesk Revit系列软件，计算软件采用目前较为流行的Cadna/A，建立基于BIM技术的声环境性能化模拟实施方法：

· BIM信息模型建立：根据项目总平面图建立项目及周边环境BIM信息模型，并根据模拟需要简化相应模型。

· BIM信息数据导入声环境模拟软件：将BIM模型导出dxf、gbXML等标准交换格式文件，合理简化模型（导出过程中摒弃无用的信息，保留声环境软件需要的建筑外轮廓），根据不同阶段对模拟结果的不同要求，合理划分网格，节省计算资源。

· 计算得出合理准确模拟结果：设置模拟条件，根据模拟结果调整、完善设计方案。

3.4.5　能耗仿真模拟分析

基于BIM技术仿真模拟分析建筑能耗（特指建筑的运行能耗，就是人们日常用能，如采暖、空调、照明、炊事、洗衣等的能耗），通过能耗仿真模拟，对建筑物在全生命周期内运行过程中的能耗进行统计，得出空调、采暖、照明、设备、输配系统等的能耗量、节能量。能耗仿真软件主要有Energy Plus、Design Builder等。

BIM信息模型建立软件采用Autodesk Revit系列软件，计算软件采用目前较为流行的e-Quest，建立基于BIM技术的能耗性能化模拟实施方法：

· BIM信息模型建立：根据项目总平面图建立项目及周边环境BIM信息模型，并根据模拟需要简化相应模型。

· BIM信息数据导入能耗模拟软件：将BIM模型导出dxf、gbXML等标准交换格式文件，合理简化模型，根据不同阶段对模拟结果的不同要求，合理划分网格，节省计算资源。

· 计算得出合理准确模拟结果：设置模拟条件（气象参数、围护结构参数、设备参数等，便于精确计算建筑能耗以及系统负荷），根据模拟结果调整、完善设计方案。

3.5　基于 BIM 的设计深化、管线综合和施工模拟

3.5.1　基于BIM的设计深化

BIM技术可以应用在施工图设计深化、精装修设计深化、钢结构设计深化、支吊架设计深化等方面。

通过利用BIM模型进行设计深化，各专业设计深化人员在创建三维模型的过程便可直观地发现模型空间或节点构造的复杂部位存在的问题，必要时应用软件对模型进行碰撞检查，对模型进行修改，并解决设计中存在的不合理以及被忽视的问题，并通过软件自动生成施工详图，大大减少了绘图的工作量。

基于BIM技术的设计深化不仅可得到深化模型，还包括BIM模型导出的设

计深化图和构件加工图，以及各种零配件的清单报表等。设计深化模型直观展示工程整体、局部等的施工信息，便于施工人员查看。由设计深化模型转化成的加工图，供施工单位直接制作，供安装单位使用。设计深化BIM软件根据已建立好的设计深化模型导出零构件详细清单、材料清单、工程量清单等。

3.5.2 基于BIM的管线综合

采用BIM全过程设计，必须在设计建模初期就将管道、风管、桥架等构件的标高信息录入模型，因此必须将管线综合步骤前置，在设计初期将主要路由、重点部位的管线排布原则确定，避免在设计后期做出大量调整，且避免将一些管线布置的问题带到施工过程。

BIM技术为我们提供了强大的管线综合布置便利，运用三维手段建立建筑及管线设备模型，利用计算机在模拟真实空间内对各系统进行预装配模拟，能够直观地调整、细化、优化、合理管线走向及设备排布，从而达到模拟可视化、设计优化和缩短工期、提高项目质量的目的。

通过BIM管线综合设计文件中的平面图、剖面图、轴测图，清晰、真实地表达管线的走向、位置和标高等信息，完整表示出重点区域或者设备间管线的分布、分层情况，方便施工。

3.5.3 基于BIM的施工模拟

将BIM技术与虚拟施工技术相结合，可以优化项目设计、施工过程控制和管理，提前发现设计和施工的问题，通过模拟找到解决方法，进而确定最佳设计和施工方案，用于指导真实的施工，最终大大降低返工成本和管理成本。基于BIM模型的3D施工模拟，可提高施工过程的可视化、集成化；加入时间维度的4D施工模拟，可提升进度控制质量；加入成本因素的5D施工模拟，可对项目工程量精确计算，整体把控成本控制；加入安全要素的6D施工模型，可对安全环境进行模拟，改善施工环境。

3.6 基于 BIM 的绿色设计评估

3.6.1 基于BIM技术的绿色设计评估体系框架

为了客观全面规范绿色建筑的设计、施工和运维管理，世界各国相继推出了适合本国国情的绿色建筑评价标准体系，通过绿色建筑的数字化、智能化评估，不仅能大幅提高绿色建筑的评估、评审工作效率和有效性，更有利于绿色建筑评估的标准化、数字量化和制度化建立，更为绿色建筑的广泛推广提供有效的技术可实施性，具有广泛的社会价值。

建立基于BIM技术的绿色建筑评估，关键在于BIM信息模型数据结构与绿色评估建立数据链接关系，根据绿色评估要求与BIM信息关联性，BIM链接数据主要分为两类：

（1）BIM设计模型"非几何信息"：在BIM模型搭建完成后，通过非几何信息统计功能判定是否达到绿色建筑评价相应条文的要求；例如：绿色评估要求统计建筑耗用混凝土，钢结构，可再生、可再利用材料，可再循环材料各自占总量比值。这些材料属性信息在BIM信息模型中是以属性参数（族参数、共享参数）定义录入的，方便建筑生命周期后期的采购发包与预估算统计使用，同时也成为绿色建筑评价的量化标准。

（2）BIM设计模型"几何信息"：借助第三方模拟分析软件，进行专项计算分析，根据模拟分析的结果判定是否满足绿色建筑相关条文的要求。

绿色设计评估规定的量化指标中，有些条文判定不能从BIM技术体系下的信息直接得到，而是要经过计算再加工。这个再加工的过程通常分为两种情况：

（1）将BIM模型中的数据信息做数学运算，如人均居住用地指标，需要在BIM模型中测量得到面积数据和计划人口数量。

（2）将BIM信息模型整体或部分导入其他分析工具中进行多量的复杂模拟计算，如计算室外日平均热岛强度等。

BIM 框架下的绿色建筑评价具有良好的应用价值：可简化绿色建筑设计、自我评估流程，有效提高工作效率。但是，并非所有的绿色设计数据及评估指标都可以借由BIM 模型获取，随着我国绿色建筑研究的不断发展，未来国家对于绿色指标的限定也将进一步细化（数字量化），BIM软件及各类绿色设计技术软件的进一步完善，使得基于BIM技术的绿色建筑设计会获得更加广泛而深入的推广与普及。

基于 BIM 技术的绿色设计评估体系框架

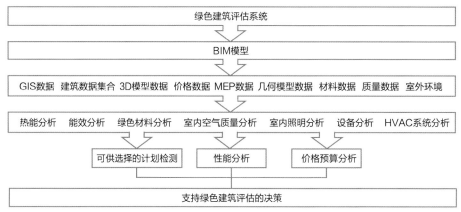

BIM 技术与绿色建筑评估系统关系图

表1 绿色导则工具应用表

工具应用	应用工具	分析内容				
		策划规划	方案设计	技术深化	施工配合	运行调适
场地气候和绿建策略分析	Weather Tool Climate Consultant …	通过项目所在地的典型年逐时气象数据进行分析，得出关键被动式设计策略，并将其应用在后续的方案设计中				
建筑室内外风环境模拟	Fluent Airpark Phoenics Star-CCM+ …		场区风环境模拟分析，优化总图布局和建筑形体及自然通风潜力	建筑室内自然通风分析，优化外窗布局、开口形式及面积		
			场区热岛效应分析，优化场地铺装、绿植等室外景观方案	高大空间气流组织分析，优化空调送风方式和气流组织设计		
				特殊空间室内污染物分析，优化室内外送排风位置、风量等设计		
建筑能耗模拟分析	Ecotect Equest Designbuilder Dest …		建筑能耗初步分析，充分考虑采用各项被动式技术方案	逐项节能技术措施的节能潜力分析，确定项目节能技术措施		
				可再生能源系统能耗分析，优化确定系统方案		
建筑室内外光环境模拟	Ecotect Ladybug Radiance Daysim …		建筑日照模拟分析，优化总图布局和建筑方案	典型区域采光和眩光模拟分析，优化采光产品选择		
			天然采光模拟分析，优化平面布局和天然采光技术方案			
			建筑遮阳模拟分析，优化建筑立面遮阳方案			
建筑室内外声环境模拟	Cadna/A Raynoise …		建筑室外噪声模拟分析，优化总图布局和景观设计方案	建筑室内噪声模拟分析，优化围护结构及声学材料构造做法		
				特殊房间声学模拟分析，优化空间体形和声学材料布置方案及构造做法		
信息化模拟建造	Revit Navisworks Catia …		即时面积工程量统计 虚拟仿真漫游	工程量清单统计 全专业系统整合 管线部品碰撞优化 可视化展示	施工进度计划模拟 即时三维信息查阅 设备材料整理 竣工模型构建	运维管理系统搭建空间设施资产管理能源管理 运维管理系统维护
性能评估	Fluent Airpark Ecotect Radiance Cadna/A …					基于能耗模拟验证，进行建筑调适，优化机电系统运行，确保系统高效运行
						结合室内风光声热环境模拟结果，验证实际效果是否达到设计要求并提供优化改进措施

附录 3
五化平衡及
绿色效果自评估准则

"五化平衡及绿色效果自评估准则"建立在设计对本土化、人性化、低碳化、长寿化、智慧化五项基本原则的贯彻内容全面性的自我评估上；并对设计基于项目所处地域环境、功能类型、使用方式的不同，提出的有针对性的绿色创新策略与手段进行评估论证。其中，

"本土化"作为设计展开的基础，评估意义在于倡导设计以地域气候的研究为起点，营造符合本底环境特点的空间环境，并关注本土地域文化与建造方式。

"人性化"作为设计总体的态度，鼓励设计最大化地提供使用者享受自然的机会，并关注人性化空间设施的布置，提供给使用者高质量高舒适度的环境品质。

"低碳化"是设计建设的最终目标。实现这一目标需从基本的空间物理性能着手，全面考量建筑外围护性能与节能、节水、节材等各项控制技术措施。

"长寿化"是绿色建筑重要的发展方式，集中体现在空间使用上的适应性、构件耐久性以及部品可变性等强化建筑可调性的各方面。

"智慧化"是管理的有效手段，它依靠于前期设计的三维模拟数据分析与后期运营管理应用平台的搭建。

"绿色创新"方面倡导设计者关注绿色建筑设计的总体策略，在方法手段上进行有针对性的探索创新。范畴内包含绿色策略创新、绿色技术应用、碳排放统计创新、BIM设计绿色应用以及使用模式上的创新等内容。"绿色创新"项的提出与评估在于引导设计者将关注重心从传统后期技术打分转向前期绿色价值观的确定与设计过程中方法的正确性。

整个评估体系强化建筑设计策略的主导作用与权重，尤其对利用环境、空间、资源等优势形成的被动式创新手段给予鼓励，希望创造出具有先天绿色基因、适应地域环境的优秀绿色作品。同时，对于可以量化的内容，评估中强化结果导向，以数据预估为验证依据，保障绿色效果的实现；对于各专业重要且必要的措施策略也提出了评估要求，一些特殊性的针对性的措施可结合创新项进行评估。希望设计师在整个设计过程中能借助此表不断自我评估，审视绿色化效果的优劣，并实时调整优化。参考分数的权重作为自我评估的参照依据，并非绝对化的，可以针对不同类型、不同条件进行适时调整。

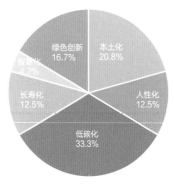

绿色效果评估各项占比图

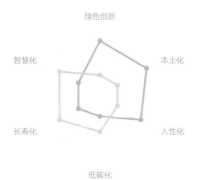

绿色效果评估雷达图

本土化						25
类别	评估项	相关条目	评估内容	评估细则		得分
地域气候	反映地域气候	A2-3 A3-2 L1-1	建筑布局反映地域气候条件的情况 建筑及景观形态反映地域气候特点的情况	优	建筑布局能反映所在气候区的气候特征，对当地风、光、热等充分考虑，并以此来生成建筑形态和使用空间	10
				中	建筑布局与形态能反映气候特征，但结合不够自然有机，较生硬	
				差	没有或很少考虑地域气候的特征	
本地环境	顺应生态本底	A1-1 A1-2 A1-3 A2-2 L1-2 L4-2	是否对城市上位规划有所呼应 场地设计对生态本底的影响情况 场地设计对海绵城市的贡献情况 建筑景观布局对城市生态廊道的利用情况	优	对场地及周边的原有生态性进行有效地利用和回应，顺应城市生态廊道并塑造多元内容、构建区域海绵系统	10
				中	对场地及周边的原有生态性有所回应，系统性与整体性不强，细节方案不充分	
				差	没有或很少考虑此部分内容，或方法不当	
	融合地势环境	A2-1 A2-7 A3-1	建筑布局对现有地形地貌的利用情况 标高选用、竖向利用、土方平衡的情况 建筑形态与周边城市、自然环境的融合程度	优	建筑布局充分考虑地形地貌条件，建筑形态或群体关系与周边环境有机共生协调，场地标高、竖向等得到较好处理	
				中	建筑布局对地形地貌条件有所考虑，但设计方法不当，生硬不太协调	
				差	没有或很少考虑此部分内容，建筑与环境关系较差	
	优化交通系统	A2-5	对场地人、车和周边交通的组织情况	优	建筑充分考虑与周边的交通接驳、人车分流、利用高差的多首层等立体化交通方式提高效率；考虑多样有效的停车方式和场地设施	
				中	考虑了场地与周边的交通关系，但组织的不好、方法不佳	
				差	此部分内容组织很差，或选择了错误的交通策略带来较大浪费	
	利用地下空间	A2-6	地下空间的自然性、功能性利用情况	优	选择得当的地下空间开发策略，与建筑主体的关系、功能性质、环境影响等处理较好，并通过天井、天窗等有效措施提升地下空间品质	
				中	考虑了地下空间的利用，但策略和优化手段不够充分	
				差	没有或很少考虑此部分内容，或方法不当	
本土文化	挖掘本地文化	A1-4 A3-3 A7-2	对本地既有资源的利用与再生 对当地传统风貌、历史遗存的挖掘利用程度 对本地建造工艺、材料等的挖掘利用程度	优	从地域文化中寻找线索和基因，研究传统建造技艺与技术创新加以应用；有效利用当地的建筑与设施的遗存	5
				中	考虑了本地文化的利用，但策略和手段不佳	
				差	没有或很少考虑此部分内容，或方法不当	

人性化　　15

类别	评估项	相关条目	评估内容	评估细则		得分
共享自然	引导健康行为植入自然空间优化视觉体验	A5-2 A5-3 A5-5 L2	引导使用者室外健康生活，室外、半室外功能空间设置情况 空间设计的自然植入程度是否通过有效手段优化视觉体验	优	创造积极开放的室外半室外自然空间，将传统的室内功能行为拓展到室外，提供使用者绿色自然的视觉体验	6
				中	考虑了设置室外空间与绿色体验，但品质可达性不佳	
				差	没有或很少考虑此部分内容，或方法不当	
空间尊重	布置人性设施	A5-7	人性化服务设施设置情况	满足相关章节其中4条		1.5
环境质量	提升室内环境	A5-6 E3 W5	室内物理环境指标达标情况	应对建筑内人员长期或集中停留区域进行室内物理环境专项模拟计算，计算范围应至少包括室内空气品质（CO_2浓度、PM2.5浓度、PM10浓度）、自然通风、天然采光、声环境，计算过程应符合《民用建筑绿色性能计算标准》JGJ/T 449相关规定，计算结果应符合附表1的规定		6
			室内装修污染控制指标达标情况	应对全部装修区域进行室内装修污染物预计算，计算范围应至少包括甲醛、TVOC、苯，可参考《住宅建筑室内装修污染控制技术标准》JGJ/T 436的相关规定，或使用indoorpact、airpak等室内装修污染模拟计算工具，计算结果应比《室内空气质量标准》GB/T 18883相关规定限值低10%		
	提升室外环境	A2-3 L2 L4	场地微气候指标达标情况	应对场地进行场地微气候专项模拟计算，计算范围应至少包括热岛强度、场地风环境，计算过程应符合《民用建筑绿色性能计算标准》JGJ/T 449相关规定，计算结果应符合附表2的规定		1.5

低碳化　　40

类别	评估项	相关条目	评估内容	评估细则		得分
空间节能	区分用能标准	A4-1 A4-2 A5-1 H1	根据对不同空间性质的定义采用不同舒适度标准的情况	优	根据房间功能、类型、热舒适、人的停留时间等定义空间用能要求，从而降低次要房间的用能负荷，同时对相似空间进行有效组合	
				中	考虑了用能空间的划分，但划分方式和准确性不足	
				差	没有或很少考虑此部分内容，或方法不当	
	压缩用能空间	A4-3	有效减少封闭的公共空间，创造缓冲过渡空间等的情况	此部分减少的空间按面积折算减少了多少实际能耗		8
	控制空间形体	A3-4 A4-4	顺应功能空间，建筑形态基于内部需求，由内而外自然而生 控制建筑空间形体，从而降低用能设备使用规模及时间的情况	优	能根据使用功能与心理需求合理设定建筑形体、尺度以及体型系数，避免过大无用且高能耗的空间浪费	
				中	考虑了空间形体的控制，但效果和准确性不足	
				差	没有或很少考虑此部分内容，或方法不当	

空间节能	加强天然采光	A4-5	加强天然采光，从而降低电力照明（使用规模和时间）的情况	优	能充分利用自然光源实现引光、导光、扩大受光面，提高主要房间采光系数比，无眩光影响	
				中	采取了部分措施，但效果和准确性不足	
				差	没有或很少考虑此部分内容，或方法不当	
节能措施	优化围护墙体	A6-1	优化墙体围护结构性能	优	建筑墙体、屋面围护结构在满足热工性能的基础上有所提升，门窗幕墙满足四性试验，根据所处地区光照条件有针对性地设置遮阳措施	3
	设计屋面构造	A6-2	优化屋面围护结构性能			
	优化门窗系统	A6-3	优化门窗围护密闭性能	中	墙体、屋面结构满足热工要求，内外遮阳符合绿色建筑标准要求	
	选取遮阳方式	A6-4	根据所处地区太阳高度角选择恰当的遮阳的措施	差	墙体、屋面结构不满足热工要求，门窗密闭性较差，有遮阳需求的房间未设置遮阳措施	
	提升设施能效	E2/H2	用能设备系统与设施的效率情况		系统运行合理，采用高效节能设备	3
		E1/H5 W5-3/I4	设备用房合理布置，集约化利用、方便运维管理、预留可发展空间		满足设备用房选址规模合理，内部布置经济紧凑，方便运维管理、预留可发展空间	
	能源再生替代	E4/H3 W4	对新型可再生能源进行整体或局部应用的情况		应进行可再生能源应用比例计算，计算结果应符合附表3的要求	4
预期能耗	预期能耗计算	H/E	建筑预期能耗运行能耗情况		应进行建筑预期运行能耗节能率模拟计算，计算过程应符合《民用建筑绿色性能计算标准》JGJ/T 449相关规定，计算结果应符合附表4的规定	8
节水措施	提升建筑节水	W2 W3	选用节水器具，提高系统节水性能，设置中水回收处理系统等情况	优	供水系统设置合理，选用一级水效的卫生洁具，因地制宜设置回用水系统	6
				中	供水系统设置基本合理，选用二级或三级水效的卫生洁具，因地制宜设置回用水系统	
				差	供水系统分区不合理，缺乏压力控制措施，或未选用节水型卫生洁具	
	提升区域节水	W1 W4	场地雨水收集，非传统水源、节水灌溉系统等技术应用情况	优	设置场地雨水控制及利用，综合统筹雨水和其他非传统水源，绿化采用微喷灌且设置湿度感应控制器等	
				中	设置场地雨水控制及利用，绿化采用微喷灌	
				差	未考虑场地雨水控制及利用或绿化未采用微喷灌	
节材措施	控制用材总量	A3-6 A7-1 3I/2/4	对既有建筑、环境的利用、装饰与构件控制情况合理的工程选址，结构选型与结构材料选择	优	选址合理，充分利用场地既有建筑与设施，规模适度避免浪费，合理结构选型，减少无用的装饰构件，并对细节与构造进行精准控制	8
				中	采取了部分措施，但效果和准确性不足	
				差	没有或很少考虑此部分内容，或方法不当	
	顺应结构功能	A3-5	结构、功能体量与建筑一体化的整合情况	优	建筑、结构、功能一体化设计，形态与结构合理性协同考量	
				中	建筑、结构、功能没有完整统一、装饰较多	
				差	没有或很少考虑此部分内容，或方法不当	

					优	对场地中或场地周边就地取材，对可再生和速生材料、可循环材料、利废垃圾进行创新应用等，最大化选用绿色建材
节材措施	循环再生利用	A7-2 A7-3 L3	本地材料、绿色建材及循环再生材料的利用情况		中	采取了部分措施，但效果和准确性不足
					差	没有或很少考虑此部分内容，或方法不当
	室内外一体化	A7-4	室内外一体化设计的集成情况		优	建筑、室内、景观一体化考量，风格统一、材料连续；减少二次机电的衔接损耗；较好地创造室内外一体化的建构方式
					中	考虑了室内外一体化，但不够统一系统，叠加的装饰性过多
					差	没有或很少考虑此部分内容，或方法不当

长寿化　　　　　　　　　　　　　　　　　　　　　　　　15

类别	评估项	相关条目	评估内容		评估细则	得分
空间可变	建立生长模式	A2-4	建筑布局是否考虑未来拓展	优	建筑布局采用组团式可生长布局，功能空间的延展串联未来业态的发展	6
				中	采取了布局的拓展模式，但效果和可行性不足	
				差	没有或很少考虑此部分内容，或方法不当	
	设置弹性空间	A5-4	空间的可变性设计情况	优	空间设计通用开放、灵活可变，适应未来建筑使用功能的改变	
				中	采取了部分措施，但效果和准确性不足	
				差	没有或很少考虑此部分内容，或方法不当	
耐久设计	延长设计寿命	S3	结构耐久年限		提升结构耐久年限	6
部品适变	鼓励集成建造	A3-7 A3-8	装配化方式集成建造应用、设备管线与建筑结构分离情况	优	采用装配式集成建造的方式提高建造效率和未来的可替换性，部品易更换，便于调节	3
				中	采取了部分措施，但效果和准确性不足	
				差	没有或很少考虑此部分内容，或方法不当	

智慧化						5
类别	评估项	相关条目	评估内容	评估细则		得分
智能设计	性能模拟与优化设计	附录3	设计全过程中对绿色性能的模拟分析与优化设计	优	通过对风、光、声、热等绿色性能全过程模拟分析，进行跟踪的信息反馈与设计优化	2.5
				中	对以上两项内容进行应用	
				差	未应用以上任一单项内容	
智慧应用	机电设备监控	I1-1 E2	暖通空调、给水排水、供电照明等设备的监控，室内空气质量及照明质量监测情况	优	系统配置完全满足建筑功能的使用，并具备一定可扩展性，为后期运维提供集成管理平台	2.5
	建筑能耗管理	I1-2	建筑能耗的计量、分析、调控	中	系统配置基本满足建筑功能的使用，为后期运维提供集成管理平台	
	智能设施配置	I1-3	建筑智能化设施配置与建筑功能的适宜性	差	系统配置不满足建筑功能的使用，未搭建后期运维集成管理平台	
	物业运维管理平台	I2	物业智能运维集成管理平台的搭建			

绿色创新				20
评估项	评估内容	评估细则		得分
绿色策略创新	项目总体策略、不同环境条件下的适用情况、绿色创新模式等	优	具有较突出的绿色创新策略；利用统一的设计方法在各方面平衡上效果突出，绿色成效一气呵成。对在此环境中具有特别有效的策略可在此部分进行放大给分	10
		中	有一定创新性，但整体性不够，特色不突出	
		差	没有或很少考虑此部分内容，或方法不当	
绿色技术应用	各专业特殊绿色新技术创新	优	在新技术应用上有创新突破，技术先进高效、并能应用得当	5
		中	有一定创新性，但整体性不够，特色不突出	
		差	没有或很少考虑此部分内容，或方法不当	
碳排放计算统计	全周期碳排放的计算结果与减排	采用即可		1
全专业BIM应用	全专业采用BIM正向设计，并对绿色统计与应用产生效能	采用即可		2
使用模式创新	针对建筑管理者和使用者的使用说明控制运维使用	采用即可		2

附表1：室内物理环境指标要求

指标		限值	满分
空气品质	PM10浓度	≤50ug/m³（年均）	4
	PM2.5浓度	≤25ug/m³（年均）	
	CO_2浓度	≤800ppm	
自然通风	公共建筑	过渡季典型工况下主要功能房间平均自然通风换气次数不小于2次/h的面积比例达到70%	
	住宅建筑	通风开口面积与房间地板面积的比例在夏热冬暖地区达到12%，在夏热冬冷地区达到8%，在其他地区达到5%	
天然采光	公共建筑	室内主要功能空间至少70%面积比例区域的采光照度值不低于采光要求的小时数平均4h/d	
	住宅建筑	室内主要功能空间至少70%面积比例区域，其采光照度值不低于300lx的小时数平均8h/d	
声环境	噪声级	达到《民用建筑隔声设计规范》GB 50118相应低限值和高限值的平均值	
	构件及相邻房间之间的空气声隔声性能	达到《民用建筑隔声设计规范》GB 50118相应低限值和高限值的平均值	
	楼板的撞击声隔声性能	达到《民用建筑隔声设计规范》GB 50118相应低限值和高限值的平均值	

附表2：场地微气候性能要求

指标		要求	满分
场地热岛强度		场地中处于建筑阴影区外的步道、游憩场、庭院、广场等室外活动场地设有乔木、花架等遮阴措施的面积比例，住宅建筑达到40%，公共建筑达到15%	1.5
		场地中处于建筑阴影区外的机动车道、路面太阳反射系数不小于0.4或设有遮阴面积较大的行道树的路段长度超过70%	
		屋顶的绿化面积、太阳能板水平投影面积以及太阳辐射反射系数不小于0.4的屋面面积合计达到75%	
场地风环境	冬季典型风速和风向条件下	建筑物周围人行区域距地高1.5m处风速≤5m/s，户外休息区、儿童娱乐区风速≤2m/s，且室外风速放大系数≤2	
		除迎风第一排建筑外，建筑迎风面与背风面表面风压差≤5Pa	
	过渡季、夏季典型风速和风向条件下	场地内人活动区不出现旋涡或处于无风区	
		50%以上可开启外窗室内外表面的风压差>0.5Pa	

附表3：建筑可再生能源应用比例要求

指标	限值	得分	满分
由可再生能源提供的生活用热水比例Rhw	35%≤Rhw<65%	2	4
	65%≤Rhw<80%	3	
	Rhw≥80%	4	
由可再生能源提供的空调用冷量和热量比例Rch	35%≤Rch<65%	2	
	65%≤Rch<80%	3	
	Rch≥80%	4	

指标	限值	得分	满分
由可再生能源提供电量比例 Re	$1.0\% \leqslant Re < 3.0\%$	2	
	$3.0\% \leqslant Re < 4.0\%$	3	
	$Re \geqslant 4.0\%$	4	

注：本项内容采用以上任意方式即可计分。

附表4：建筑预期运行能耗节能率要求

指标	限值	得分	满分
建筑预期运行能耗节能率	$\geqslant 10\%$	4	8
	$\geqslant 20\%$	6	
	$\geqslant 30\%$	7	

注：建筑预期运行能耗节能率=（Rc－Rs）/Rc*100%

Rc为参照建筑的预期运行能耗

Rs为设计建筑的预期运行能耗

其中，参照建筑为满足国家现行建筑节能设计标准规定的建筑；预期运行能耗应至少包括建筑供暖空调能耗和照明系统能耗。

附录 4
绿色建筑设计导则全专业条目检索

A
建筑专业

A1
场地研究

A1-1
协调上位规划

策划规划

A1-1-1 基于区域综合发展条件，对上位规划中的项目规模与功能定位进行复核

A1-1-2 研究所在城市地下空间总体规划，在合理条件下进行最大限度的开发利用

A1-1-3 研究项目周边城市开放空间规划系统以及与场地的呼应态势

A1-1-4 协调上位交通规划成果，确保公共交通设施的集约化建设与共享

A1-1-5 综合分析市政基础设施规划，充分利用市政基础设施资源

A1-2
研究生态本底

策划规划

A1-2-1 对场地现状及周边实体现状进行调研，包含地上附着物、地形地貌、地表水文等要素

A1-2-2 对场地现状及周边气候环境进行调研，包含气候条件、空气质量、污染源等要素

A1-2-3 对场地生态现状及周边生物多样性、生态斑块及廊道进行调研

A1-2-4 对场地现状及周边古建筑古树进行历史遗产保护专项调研

A1-2-5 对场地周边光环境敏感区进行调研分析，综合评定建设强度与高度

A1-3
构建区域海绵

方案设计

A1-3-1 通过对场地环境要素的组织，搭建水循环与海绵生态框架

A1-3-2 场地开发应遵循LID的原则，灰绿结合，进行保护性高效开发

A1-3-3 应对雨水的年径流总量、峰值及雨水污染物进行有效控制，不对外部雨水管道造成压力

A1-3-4 减少硬质下垫面面积，使场地径流系数开发后不大于开发前

A1-4
利用本地资源

策划规划

A1-4-1 对场地内既有的建筑设施通过评估进行最大化利用，减少拆改重建

A1-4-2 根据场地环境特点提出可再生能源总体循环方案

方案设计

A1-4-3 对该地区太阳能收集与利用情况进行评估

A1-4-4 对该地区风能利用情况进行评估

A1-4-5 对该地区雨水收集循环利用进行评估

A1-4-6 研究本地传统建筑，挖掘属地材料与工艺建造方式

A2
总体布局

A2-1
利用地形地貌

策划规划

A2-1-1 借助场地原有地势的高差变化组织建筑布局

A2-1-2 利用场地原有水系组织建筑布局

A2-1-3 选择城市棕地进行再生利用

方案设计

A2-1-4 尽可能将建筑功能集约成组布置，释放更多的土地，还土地于自然

A2-1-5 保留场地原生树木展开建筑布局

注：A部分见本套丛书《绿色建筑设计导则 建筑专业》一书。

A2-2
顺应生态廊道

策划规划

A2-2-1 保持城市生态廊道的连续性，依据生态廊道展开建筑布局与交通联系

方案设计

A2-2-2 围绕生态廊道营造开放性功能活动空间

A2-2-3 对现状环境有良好生态效益和景观效果的生态斑块和生态廊道进行保留、保护与修复，减少人为的干预

A2-3
适应气候条件

方案设计

A2-3-1 建筑布局应结合气候特征，分析确定最佳的建筑朝向及比例

A2-3-2 严寒地区建筑布局优先关注冬季防风保温与全年采光效果

A2-3-3 寒冷地区建筑布局应兼顾冬季防寒与夏季通风，并关注日照采光

A2-3-4 夏热冬冷地区建筑布局优先关注夏季通风放热，冬季适当防寒

A2-3-5 夏热冬暖地区建筑布局优先关注夏季通风防雨，抵御日照强辐射

A2-3-6 温和地区建筑布局应充分利用被动式技术使用的条件优势

A2-3-7 借助建筑与生态环境交融，营造场地微气候

A2-3-8 基于场地热环境修正建筑布局

A2-3-9 基于场地风环境修正建筑布局

A2-3-10 基于场地噪声环境分析优化建筑布局

技术深化

A2-3-11 使用树木、围栏或邻近建筑物作为风的屏障

A2-3-12 多层级绿化体系规避热岛效应

A2-3-13 室外露天场地设置遮阴绿植或设施，减少热岛效应

A2-4
建立生长模式

策划规划

A2-4-1 大尺度规划时采用生长型组团

分期扩张的策略

A2-4-2 以脉络化的公共共享空间串联未来的业态发展

方案设计

A2-4-3 拓扑标准的功能单元母题展开建筑布局

A2-5
优化交通系统

策划规划

A2-5-1 分析周边公共交通条件，建立最快捷接驳方式

A2-5-2 根据周边建筑道路进出高程，设置立体化步行系统

方案设计

A2-5-3 倡导人车分流复合型交通体系

A2-5-4 鼓励公共建筑多首层进入方式，提升建筑使用效率

技术深化

A2-5-5 鼓励电动共享汽车的应用代替大规模小汽车停车场的设置

A2-5-6 采用立体式机械停车，对停车空间占用进行优化

方案设计

A2-5-7 场地设施人性化设计，提高使用品质

A2-6
利用地下空间

策划规划

A2-6-1 高层建筑提倡高强度开发利用地下空间

A2-6-2 地下空间利用优先选择地上主体建筑基础覆盖区域

方案设计

A2-6-3 通过半室外生态化等处理方式优化地下空间自然品质

A2-6-4 对不需自然采光通风的功能性空间优选设置在地下

A2-7
整合竖向设计

策划规划

A2-7-1 根据建筑功能不同选择适宜场地

方案设计

A2-7-2 台阶坡道边坡挡墙等竖向设施景观化处理

A2-7-3 采用多样性的竖向设计手法，营造不同的空间环境

技术深化

A2-7-4 实施土方平衡设计，减少土石方工程量

A2-7-5 利用场地数字模型，辅助竖向设计，完成土方计算

A3
形态生成

A3-1
融入周边环境

方案设计

A3-1-1 城市环境中，通过建筑形体策略与周边城市肌理相融合

A3-1-2 城市环境中，通过建筑开放空间与周边城市路径相连通

A3-1-3 山地或湿地等自然环境主导的场地中，依托地形的自然态势进行形态设计

A3-1-4 山地或湿地等自然环境主导的场地中，将体量打散，以小尺度关系轻介入场地环境

A3-2
反映地域气候

方案设计

A3-2-1 利用建筑自身形态的起伏收放，优化自然通风、采光、遮阳

A3-2-2 年降雨量大的地区宜采用坡屋面设计，有利于建筑排水

A3-2-3 气候潮湿或通风不好的地区，可采用底层架空促进气流运动上升

A3-2-4 强太阳辐射地区可通过完整屋面覆盖，为下方功能与开放活动空间提供遮阴条件

A3-2-5 强太阳辐射与多雨地区可通过裙房连接形成室外檐廊，为人群活动提供遮风避雨条件

A3-2-6 寒冷、严寒地区建筑体形应收缩，减少冬季热损失

A3-2-7 西北大风地区，建筑整体形态应厚重易于封闭、减少风沙侵入

A3-2-8 夏热冬冷、温和地区的建筑形态设计应考虑季节应变性，实现开敞与封闭状态间切换

A3-3
尊重当地文化

方案设计

A3-3-1 从当地传统建筑形制中汲取气候适应性形态原型

A3-3-2 对历史建筑、工业遗迹进行再利用，延长生命周期的同时延续场所记忆

A3-4
顺应功能空间

方案设计

A3-4-1 建筑形态基于内部的功能需求与空间组织，由内而外自然生成

A3-4-2 建筑剖面形态与其平面功能相适应

A3-4-3 借助不同功能体量错动形成院落平台空间

A3-5
反映结构逻辑

方案设计

A3-5-1 建筑结构一体化设计，形态与结构合理性协同考量

A3-5-2 结构本体作为外部形态的直接反映

A3-5-3 装配式建造反映标准化与构件化形式逻辑和语言

A3-6
控制装饰比例

方案设计

A3-6-1 建筑外部装饰应结合构件功能，减少无用的装饰构件

技术深化

A3-6-2 选用当地富产的材料，结合功能需求做有限度的挂饰

施工配合

A3-6-3 倡导原生材料素面作为室内外装饰完成面

A3-7
选用标准设计

方案设计

A3-7-1 以标准设计系统化方法统筹考虑建筑全寿命周期

A3-7-2 遵循模数协调统一的设计原则，符合国家标准

A3-7-3 居住建筑，满足楼栋标准化、套型标准化和厨卫标准化的多元多层次设计要求

技术深化

A3-7-4 采用标准化、定型化的主体部件和内装部品

A3-7-5 部件部品采用标准化接口

A3-8
鼓励集成建造

策划规划

A3-8-1 采用建筑通用体系，符合建筑结构体和建筑内装体一体化集成设计要求

方案设计

A3-8-2 以少规格、多组合的原则进行设计，满足标准化与多样化要求

技术深化

A3-8-3 建筑结构体和主体部件设计满足安全耐久、通用性要求

A3-8-4 建筑内装体和内装部品设计满足易维护、互换性要求

A4
空间节能

A4-1
适度建筑规模

策划规划

A4-1-1 根据使用需求控制总体建设规模与任务书编制

A4-1-2 综合评定建筑高度与土地价值以及环境友好的关系

A4-2
区分用能标准

方案设计

A4-2-1 根据空间的功能需求（低、中、高）定义用能标准

A4-2-2 根据使用者停留时间（快速通过、间歇停留、长时使用）定义用能标准

A4-2-3 根据空间的使用类型（被服务性、服务性）定义用能标准

A4-2-4 根据不同地域与季节中温湿度水平和人体的热舒适范围来定义用能标准

A4-3
压缩用能空间

方案设计

A4-3-1 减少封闭的公共休憩空间，提倡室外与半室外非耗能空间

A4-3-2 设置适宜缓冲过渡空间调节室内外环境，可降低其用能标准和设施配备

技术深化

A4-3-3 室外等候空间采用喷淋降温、风扇降温等非耗能方式提高舒适度

A4-4
控制空间形体

方案设计

A4-4-1 严寒地区及部分寒冷地区体形系数宜尽量缩小，减小与外界的接触面

A4-4-2 基本房间单元单向进深尽量控制在8~12m，确保空间自然采光与通风效果

A4-4-3 强太阳辐射地区通过外檐灰空间降低外墙附近的辐射热交换作用

A4-4-4 交通枢纽建筑与博览建筑等超大尺度空间应控制空间高度，避免大而无用的空间

A4-5
加强自然采光

方案设计

A4-5-1 增加室内与室外自然光接触的空间范围，优先利用被动节能技术

A4-5-2 在平衡室内热工环境的前提下，适当增加外立面开窗或透光面比例

A4-5-3 大进深空间可采用导光井或中庭加强自然采光

A4-5-4 阅读区、办公区等照度需求高的空间宜靠近外窗布置，同时设置遮阳措施避免眩光干扰

A4-5-5 通过下沉广场等方式提升地下空间自然采光效果

A4-5-6 立面采光条件有限时可采用天窗采光，丰富室内光线感受

A4-5-7 展览类或其他有视线要求的功能空间应精细化进光角度，采用高侧窗或天窗等方式避免视线干扰

A4-6
利用自然通风
方案设计

A4-6-1 利用主导风向布置主要功能空间

A4-6-2 依靠中庭空间与中庭高侧窗形成烟囱效应，增强热压通风

A4-6-3 在建筑体量内部根据风径切削贯串空腔，形成引风通廊

A4-6-4 潮湿地区通过首层地面架空引导自然通风，防潮祛湿

A4-6-5 通过地道与地道表面的覆土等将室外风降温后引入室内

A4-6-6 在进风口外围通过设置水面或绿荫降低气流进入温度

A5
功能行为

A5-1
剖析功能定位
方案设计

A5-1-1 固定人员场所使用功能空间应集约布置，侧重于提升房间舒适度标准

A5-1-2 流动人员场所结合功能和环境布置，侧重于空间连续性、开放性，适度降低舒适度标准

A5-1-3 根据功能适应性，确定空间形状比例

A5-1-4 对于功能相近、舒适度要求相近的空间集中布置

A5-2
引导健康行为
方案设计

A5-2-1 在气候适宜区增设半室外交通空间，鼓励室外出行

A5-2-2 将室内使用功能延展到室外，培养室外行为方式，通过建筑屋顶、檐廊、露台营造促进公共交流的空间

A5-2-3 控制室内楼梯、坡道与建筑物主入口和电梯的距离，提高楼梯、坡道的辨识度，增加其使用率

A5-2-4 交通空间的设置宜结合采光、通风、室内外景观效果综合考虑

A5-2-5 办公空间或人员长期停留的场所应设置一定比例的休闲健身空间

A5-2-6 在建筑物附近设置非机动车停放点，为低碳出行提供便利条件

A5-3
植入自然空间
方案设计

A5-3-1 围绕建筑功能与主要动线穿插室外生态庭院

A5-3-2 在全年气候适宜区将外部环境延展至室内，模糊建筑与自然边界

A5-3-3 在冬季严寒及寒冷地区利用中庭营造室内庭院

A5-3-4 中庭、檐廊、平台等开放空间尽可能结合自然绿色植物营造生态性空间

A5-3-5 高层建筑利用屋面和各层平台营造空中花园

A5-4
设置弹性空间
方案设计

A5-4-1 满足内部空间的灵活性与适应性要求，便于灵活布置空间和后期维护改造

A5-4-2 采用开放空间结构体系，为设置弹性空间创造基础条件

A5-4-3 采用轻质隔断划分内部空间，实现空间使用多样化

A5-4-4 采用管线分离方式，满足定期和长期的维护修缮要求

A5-5
优化视觉体验
方案设计

A5-5-1 室内空间组织充分利用外部环境景观条件，保证视线通廊的连续性、均好性

A5-5-2 结合使用者视线高度、视线需求综合考量开窗洞口位置和栏杆设置

A5-5-3 借助色彩设计对空间表达进行改善，关爱使用者的视觉及心理体验

A5-5-4 视线干扰设计保证使用者私密性

A5-6
提升室内环境
方案设计

A5-6-2 室内黑房间、大进深房间可利用主动式采光装置引入自然光线

A5-6-5 采取有效构造措施加强建筑内部的自然通风

A5-6-6 严寒及寒冷地区面对冬季主导风向的外门设置门斗

A5-6-7 保证自然通风开窗面积和节能窗墙比前提下优化立面美学设计

A5-6-8 合理设置建筑布局，噪声敏感房间远离噪声区或采取降噪措施

A5-6-9 室内土建装饰材料减少挥发性有机化合物

技术深化

A5-6-1 居住类建筑的卧室、起居室通过窗地比下限，保证自然采光效果

A5-6-3 公共建筑通过遮阳和调光控制防止室内眩光影响

A5-6-4 居住类建筑的卧室、起居室通过通风开口面积与房间地板面积比下限保证自然通风效果

A5-7
布置宜人设施
方案设计

A5-7-1 合理规划场地流线，并设置缘石坡道、轮椅坡道、盲道等辅助设施

A5-7-2 公共建筑内设置母婴室、医疗救护站、无性别卫生间、垃圾分类点等人性化设施

A5-7-3 公共区域设置座椅，方便人群休憩

A5-7-4 合理规划室内流线并设置无障碍电梯、无障碍卫生间等辅助设施

技术深化

A5-7-5 将突出器具（饮水机、垃圾桶）嵌入墙体，减少室内通道行进的磕绊风险

A5-7-6 在老年人、幼儿可达的公共建筑的公共区域，采取"适老益童"设计措施

A5-7-7 通过材质、色彩等方式将标识系统与建筑空间一体化考虑

A6
围护界面

A6-1
优化围护墙体

方案设计

A6-1-1 选择蓄热能力较好的外墙体系

A6-1-2 利用双层幕墙形成围护墙体中空层，减少外墙室内外热交换影响

技术深化

A6-1-3 采用隔热效果较好的Low-E中空玻璃，减少室内外交换热损耗

A6-1-4 选用隔热、断热型材幕墙，避免螺钉连接室内外铝型材

A6-1-5 冷热桥薄弱位置处保温构造需加强处理

A6-2
设计屋面构造

方案设计

A6-2-1 日照条件好的地区考虑设置屋面光伏板等太阳能自然能源收集系统

A6-2-2 屋面尽可能考虑设置屋顶花园或绿化，有效保温隔热降噪

A6-2-4 屋面铺装尽可能减少平滑深色材料，多使用多孔表面

技术深化

A6-2-3 种植屋面的植物、覆土及相应的荷载需求、防排水措施应精细化设计

A6-2-5 架空型保温屋面可利用空气间层减少热传递作用

A6-2-6 倒置式保温屋面可借助高效保温材料有效提高防水层使用寿命与整体性

A6-2-7 热反射屋面借助高反射材料可有效降低辐射传热和对流传热作用

A6-2-8 通风瓦屋面系统降低建筑顶层室内的温度

A6-2-9 蓄水屋面提升屋顶围护界面蓄热隔热效果

A6-2-10 设置屋面雨水收集系统

A6-3
优化门窗系统

方案设计

A6-3-1 控制不同朝向窗墙比，顺应夏季主导风向，避免冬季主导风

A6-3-2 合理选择窗户开启方式，优先平开，减少推拉

A6-3-3 常规房间尽可能通过开窗实现自然排烟，减少机械排烟设备设施

A6-3-4 在不需要开启窗户的地方使用固定窗，减少不必要的能量损失

A6-3-5 日照条件好的地区可以采用太阳能光伏玻璃替代传统幕墙，夏季阻止能量进入，冬季防止室内能量流失

A6-3-6 严寒地区和寒冷地区可根据太阳高度角精细化采光窗角度，冬季接收更多的太阳辐射热

技术深化

A6-3-7 根据空间使用需求，确定窗墙比、开窗位置、开窗大小、开窗形式、门窗气密性和隔声性能

A6-3-8 模拟外围护结构热工性能，合理确定门窗传热系数，在造价可控的情况下采用高性能窗户

A6-3-9 可选用带有自动通风装置、具备自动调节采光能力的智能型门窗

A6-3-10 保证自然通风开窗面积和节能窗墙比前提下优化立面美学设计

A6-3-11 提高门窗框型材的热阻值，减少热损耗

A6-3-12 完善门窗气密性构造措施

A6-4
选取遮阳方式

方案设计

A6-4-1 鼓励利用建筑自身形态形成建筑自遮阳

A6-4-2 南向窗户或低纬度北向窗户宜采取水平遮阳方式

A6-4-3 东北、西北方向的窗户宜采取垂直遮阳方式

A6-4-4 可通过永久性建筑构件，如：外檐廊、阳台、遮阳板等为建筑提供水平式遮阳

A6-4-5 建筑立面可考虑采用方向可调节的遮阳构件，以便适应不同日照条件

A6-4-6 通过靠近建筑种植大型乔木提供环境遮阳

A6-4-7 可选择爬藤类植物提供墙面遮阳

A6-4-8 采光天窗宜采用电动势可调节遮阳百叶，适应不同的日照/采光条件

A7
构造材料

A7-1
控制用材总量

策划规划

A7-1-1 新建项目优先考虑共享周边既有设施

方案设计

A7-1-2 改造项目中，采用"微介入"式改造策略，最大化利用原有建筑空间及结构

技术深化

A7-1-3 控制材料及构造节点的规格种类，统筹利用材料减少损耗

A7-1-4 利用BIM，搭建算量模型，精准掌控建材用量

A7-2
鼓励就地取材

方案设计

A7-2-1 尽量选择区域常规材料作为装饰主材，减少运输损耗成本

A7-2-2 改造项目利用拆除过程中产生的废料重新建构，减少对社会的垃圾输出和排放

A7-2-3 对改造过程中拆除的废料进行二次加工再应用

技术深化

A7-2-4 可采用地区常规工艺做法，提高建造效率，确保建造品质

A7-3
循环再生材料

方案设计

A7-3-1 鼓励使用可再生材料进行设计，优先选用再生周期短的可再生材料，方便快速更换

A7-3-2 鼓励使用可回收材料

A7-3-3 鼓励使用可降解的有机自然材料

A7-4
室内外一体化

方案设计

A7-4-1 室内装修与园林景观应与建筑设计风格统一，方便材料采购的同时保证体验的连续性

A7-4-2 土建设计与装修设计一体化同步进行，减少建筑材料和机电设施在衔接过程中的损耗

技术深化

A7-4-3 鼓励设计室内外一体化的建构方式，统筹解决内外的衔接细节，保障完整的效果

S
结构专业

S1
工程选址

S1-1
地震带区域选址

策划规划、方案设计

S1-1-1 工程选址应避让地震带

S1-2
地质危险区域选址

策划规划、方案设计

S1-2-1 工程选址不应选择对建筑物有

潜在威胁或直接危害的地段作为建筑场地

S2
材料选择

S2-1
结构材料选择

方案设计、技术深化

S2-1-1 应充分考虑不同材料的特点及优势，扬长避短

S2-1-2 应合理采用高强材料

S2-1-3 应遵从材料强度匹配原则

S2-1-4 应充分利用可再生材料、工业废料降低单位体积混凝土碳排放

S2-1-5 应合理使用竹、木结构

S2-2
非结构材料选择

方案设计、技术深化

S2-2-1 应遵循就地取材原则

S2-2-2 高层建筑优先采用轻质材料，降低自重

S2-2-3 应尽可能采用可回收材料

S3
结构寿命

S3-1
耐久年限

策划规划、方案设计

S3-3-1 应合理提高耐久年限

S3-2
设计使用年限

策划规划、方案设计

S3-3-2 应合理提高设计使用年限

S4
结构选型

S4-1
结构主体选型

方案设计、技术深化

S4-1-1 地上结构选型应优选利于抗震的规则形体

S4-1-2 重要工程宜采用减、隔震等可有效提高抗震韧性的技术

S4-1-3 在风荷载较大地区，应考虑采用利于抗风的气动措施

S4-1-4 在风、雪荷载较大的地区，应谨慎使用膜结构

S4-1-5 宜采用利于排水和排雪的轻型屋盖形式

S4-1-6 在沿海腐蚀性强的地区，可优先考虑钢筋混凝土或型钢混凝土结构

S4-1-7 地下室结构选型应遵循综合比选原则

S4-1-8 在软弱地基区域优先采用轻质结构形式

S4-1-9 应采用绿色地基技术

S4-1-10 在地下室较深及地下水位较高时，如采用"两墙合一"方案具有综合的技术经济效益应作为优选

S4-2
其他结构选型

方案设计、技术深化

S4-2-1 应结合建筑功能采用适宜的柱网

S4-2-2 应采用高效且尺度适宜的结构构件

S4-2-3 结构设计对后续可能的使用功能改变，应具备必要的适应性

S4-2-4 采取有效措施控制结构裂缝

S4-2-5 应重视非结构构件的安全

S4-2-6 应考虑设计施工一体化

S4-2-7 幕墙设计应与建筑结构协调，有条件时应一体化设计

W

给水排水专业

W1

能源利用

W1-1
再生能源利用

方案设计

W1-1-1 日照资源丰富的地区宜优先采用太阳能作为热水供应热源

W1-1-2 在夏热冬暖、夏热冬冷地区，宜采用空气源热泵作为热水供应热源

W1-1-3 在地下水源充沛、水文地质条件适宜，并能保证回灌的地区，宜优先利用地下水源热泵

W1-1-4 在地表水源充足、水文地质条件适宜的地区，宜优先利用地表水源热泵

W1-2
工业余热利用

方案设计

W1-2-1 工业高温烟气利用

W1-2-2 工业冷却水余热利用

W1-3
传统能源利用

方案设计

W1-3-1 采用能保证全年供热的热力管网作为热水供应热源

W1-3-2 如果项目所在地无法利用可再生能源与市政热源，应采用燃油（气）等动力作为热水供应热源

W1-3-3 项目设计中应结合当地气候、自然资源和能源情况，对热水供应热源进行优化和组合利用

W2

节水系统

W2-1
制定水源方案

方案设计

W2-1-1 应结合项目实际情况，制定水资源利用方案

W2-2
给水系统设计

方案设计

W2-2-1 采用市政水源供水时，应充分利用城市供水管网的水压

技术深化

W2-2-2 制定合理供水压力，防止超压出流

W2-2-3 生活水箱、水罐等储水设施应满足卫生要求

W2-2-4 给水管道、设备和设施应设置明晰的永久性标识

W2-3
热水系统设计

方案设计

W2-3-1 应根据项目实际情况和热水用量需求，采用分散或集中热水系统

W2-3-4 集中热水系统应设置热水循环，并应有保证循环效果的技术措施

技术深化

W2-3-2 热水水质应符合卫生要求

W2-3-3 分区宜与给水分区一致，并应有保证用水点处冷、热水供水压力平衡和出水温度稳定的技术措施

W2-3-5 集中热水系统的设备和管道应做保温，保温层的厚度应经计算确定

W2-3-6 公共浴室热水管宜成环布置，应设循环回水管，循环管道应采用机械循环

W2-3-7 集中热水系统宜设置计量、监测、控制和故障报警等智能管理系统接口

W2-4
循环水系统

方案设计

W2-4-1 空调冷却循环水系统的冷却水应循环使用

W2-4-2 空调冷却循环水系统水源应满足系统的水质和水量要求，补水宜优先使用非传统水源

W2-4-4 空调冷源方案考虑建筑节水，宜优先选用风冷方式

W2-4-5 空调冷凝水应根据建筑内回用水系统设置情况，收集后作杂用水、景观和绿化使用

W2-4-6 游泳池、水上娱乐池等应采用循环给水系统，其排水应重复利用

W2-4-7 洗车场宜采用无水洗车、微水洗车技术

W2-4-8 地下水源热泵换热后应回灌至同一含水层，抽、灌井的水量应能在线监测

技术深化

W2-4-3 多台冷却塔同时使用时宜设置集水盘连通管等水量平衡设施

W2-5
减少管网漏损

方案设计

W2-5-2 合理控制供水系统的工作压力

技术深化

W2-5-1 选用密闭性能好的阀门、设备，使用耐腐蚀、耐久性能好的管材、管件

W2-5-3 建筑给水、中水系统的水池和水箱溢流报警应与进水阀门自动联动关闭

W2-5-4 根据水平衡测试要求设置分级计量水表

W2-5-5 室外埋地管道应根据当地实际情况选择适宜的管道敷设及基础处理方式

W3
节水设备和器具

W3-1
节水器具选择

技术深化

W3-1-1 坐式大便器宜采用设有大、小便分档的冲洗水箱

W3-1-2 居住建筑中不得使用一次冲洗水量大于6L的坐便器

W3-1-3 小便器、蹲式大便器应配套采用延时自闭式冲洗阀、感应式冲洗阀、脚踏冲洗阀

W3-1-4 公共场所的卫生间洗手盆应采用感应式或延时自闭式水嘴

W3-1-5 洗脸盆等卫生器具应采用陶瓷片等密封性能良好、耐用的水嘴

W3-1-6 水嘴、淋浴喷头内部宜设置限流配件

W3-1-7 双管供水的公共浴室宜采用带恒温控制与温度显示功能的冷热水混合淋浴器

W3-2
节水设备

方案设计

W3-2-1 生活热水系统水加热设备应满足安全可靠、容积利用率高，换热效果好等要求

W3-2-2 中水、雨水、循环水以及给水深度净化的水处理宜采用自用水量较少的处理设备

施工配合

W3-2-3 成品冷却塔应选用冷效高、飘水少、噪声低的产品

W3-2-4 车库和道路冲洗应选用节水型高压水枪

W3-2-5 洗衣房和厨房应选用高效、节水的设备

W4
非传统水源利用

W4-1
污水再生利用

方案设计

W4-1-1 应因地制宜确定再生水利用方案

W4-1-2 当再生水为自行处理时，原水应优先选择水量充裕稳定、污染少、易处理的水源

W4-1-3 中水用于多种用途时，应按不同用途水质标准进行分质处理

W4-2
雨水利用

方案设计

W4-2-1 雨水直接利用及其适用场所

W4-2-2 雨水间接利用及其适用场所

W4-3
海水利用

方案设计

W4-3-1 对于沿海地区城市，经技术经济比较后，可采用海水淡化冲厕替代淡水

W4-4
特殊水源利用

方案设计

W4-4-1 洁净矿井水和含一般悬浮物矿井水利用

W4-4-2 低盐度苦咸水利用

W5
室内环境与空间

W5-1
设备降噪措施

方案设计

W5-1-1 需要日常运行的设备间，不应毗邻居住用房或在其上层和下层

施工配合

W5-1-2 设备机房应采取减振防噪措施

W5-1-3 冷却塔应采取减振防噪措施

W5-1-4 管道连接和敷设应满足室内降噪要求

W5-2
污废气味减排

方案设计

W5-2-1 生活污废水系统应按照现行规范要求，设置合理、完善的通气系统

W5-2-2 中水处理机房、污水泵房、隔油器间等应通风良好，保证足够的换气次数，设置独立的排风系统

施工配合

W5-2-3 应选择符合产品标准的优质地漏

W5-3
设备空间集约

方案设计

W5-3-1 主要设备机房的布置应满足建筑使用功能，避开有商业价值的区域

W5-3-2 消防水池可以利用不规则空间实现储水功能

W5-3-3 水箱、设备和泵组的布置应考虑与建筑布局紧密结合

H
暖通专业

H1
人工环境

H1-1
温湿度需求标准

方案设计

H1-1-1 因地制宜，从使用功能需求出发确定室内环境标准

技术深化

H1-1-2 对于非特殊要求的空间，采用较低的热舒适标准

H1-1-3 共享空间优先控制室内温度场

H1-1-4 有恒温恒湿需求的室内空间应确保系统设置的有效与节能

H1-1-5 室内游泳馆、水上乐园室内湿度控制更重要

H1-2
空气品质健康化

技术深化

H1-2-1 通过人均新风量标准和人员密度值的确定实现新风的合理量化

H1-2-2 通过除尘、杀菌、净化等技术措施使空气品质满足标准要求

H2
系统设施

H2-1
优化输配系统

技术深化

H2-1-1 采用高效水泵，降低水系统输送能耗

H2-1-2 采用高效风机，降低输配能耗

H2-1-3 水泵、风机可按系统需要采用变频技术，降低部分负荷时运行电耗

H2-2
核心设备能效提升

技术深化

H2-2-1 合理确定冷热源机组容量，适应建筑满负荷和最低负荷的运行需求

H2-2-2 选择高效冷热源设备，提高综合运行能效

H2-2-3 采用变制冷剂流量多联设备，降低运行能耗

H2-2-4 采用磁悬浮设备，降低运行能耗

H2-2-5 设备选用能效等级满足或高于相关规范节能评价值的产品

H2-3
能量回收技术

技术深化

H2-3-1 同时具有供冷供热需求时可应用冷凝热回收技术，提高能源综合利用率

H2-3-2 根据建筑功能及所在气候条件、运行时长综合判断排风热回收的适宜性

H2-3-3 烟气余热回收技术的应用

H2-4
自然通风系统

方案设计

H2-4-1 结合建筑所在地区气候及污染源情况，评估自然通风的适宜性

技术深化

H2-4-2 根据气候区及建筑功能落实自然通风措施

H2-5
免费供冷应用

方案设计

H2-5-1 根据负荷确定冷却塔的台数及水泵的设置，细化技术方案

技术深化

H2-5-2 末端形式选择及运行策略

H2-6
末端形式多样性

方案设计

H2-6-1 采用变风量末端系统，室内舒适度高，系统灵活性好

H2-6-2 采用辐射末端，可实现温湿度独立控制，避免能源过度输入

H3
能源利用

H3-1
自建区域集中能源

方案设计

H3-1-1 根据负荷特征和能源供给条件分析区域能源系统的可行性

H3-2
常规能源高效应用

技术深化

H3-2-1 具备市政热力条件时，优先使用

H3-2-2 采用电制冷系统时，根据负荷需求合理选择单台设备容量及台数

H3-2-3 合理地设置冷凝散热设备

H3-3
地热资源应用

方案设计、技术深化

H3-3-1 具有相关勘察报告、经过技术经济分析确认可行，并获得政府相关部门审批的前提下可进行浅层地热资源开发利用

H3-3-2 经勘探、经济技术分析可行的前提下，可进行深层地热的开发应用

H3-4
蓄能系统应用

方案设计

H3-4-1 蓄能系统应用适宜性判断

H3-4-2 采用固体电蓄热，蓄热设备占用空间小，蓄热能力高

H3-4-3 采用显热蓄能，兼具蓄冷和蓄热的功能

H3-4-4 采用潜热蓄冷，冰蓄冷的蓄能密度高

H3-5
空气源热泵系统

方案设计

H3-5-1 注意落实室外设备的设置位置和散热条件

技术深化

H3-5-2 按照设计工况、设置位置，进行设备运行参数修正

H3-6
蒸发冷却系统

方案设计

H3-6-1 方案阶段应判断蒸发冷却的适用性

技术深化

H3-6-2 湿球温度较低的地区采用多级蒸发冷却技术替代常规制冷系统

H3-7
太阳能综合利用

方案设计

H3-7-1 根据相关数据判断太阳能资源的丰富程度

H3-7-2 根据需求选择太阳能的利用方式

H3-7-3 根据需求确定光热辅助应用的技术策略

H3-8
冷热电分布式能源
方案设计

H3-8-1 明确燃气供应条件和电力消耗、冷热负荷需求

H3-8-2 明确系统能源供应策略、余热利用原则

技术深化

H3-8-3 针对系统形式、余热利用方式、设备匹配原则进行论证

H3-9
地道通风系统
方案设计

H3-9-1 依据气候条件判断地道换热通风系统的适用性

H3-9-2 依据负荷需求深化地道尺寸路由设计

H4
气流组织

H4-1
合理组织室内空气流动
技术深化

H4-1-1 空调送风方式应符合规范的基本要求

H4-1-2 满足不同的需求，采用多种送风方式

H4-1-3 诱导通风方式有效提高通风效率，降低全面通风系统管道占用高度

H5
设备用房

H5-1
合理的机房位置
方案设计

H5-1-1 制冷机房、热交换站（含水泵房）位置应尽量靠近负荷中心，远离功能用房

H5-1-2 自建锅炉房的项目，站房设置应满足消防要求以及大气污染物排放要求

H5-1-3 空调、新风机房的位置应综合考虑服务半径、防火分区划分、消声减震要求等因素进行设置

H5-1-4 消防系统专用机房的位置主要考虑进排风口的距离要求

H6
控制策略

H6-1
通用性控制要求
技术深化

H6-1-1 新风机组的送风温湿度、机组启停、联锁运行、防冻保护、故障报警等进行控制，实现系统优化运行

H6-1-2 对空调机组的送风温湿度、机组启停、连锁运行、故障报警等进行控制，实现系统优化运行

H6-1-3 通风设备的参数进行检监测，变频定频控制、故障报警，保障系统正常运行

H6-2
能源群集控制要求
技术深化

H6-2-1 根据介质温度调节机组、水泵、冷却塔的运行台数，根据供回水压差调节旁通阀开度，实现冷站节能可靠运行

H6-2-2 采用数据通信技术，实现高效可靠的数据传输，可以更灵敏的应对负荷变化，提高保障率

H6-2-3 热源系统的自动检测与控制提高安全性、满足经济运行

H6-3
空气品质检测控制
技术深化

H6-3-1 通过CO_2浓度检测调节新风量，实现空调系统节能运行

H6-3-2 通过可吸入颗粒物浓度检测控制空气净化系统运行及设备维护，实现空调系统高品质运行

E
电气专业

E1
空间利用

E1-1
机房选址条件
方案设计

E1-1-1 建筑内设有多个变电所时，与市政对接变电所需考虑与下上级电源对接的便捷条件，位置靠近负荷中心

技术深化

E1-1-2 建筑内部用电设备配电间设在负荷附近，便于观察与管理；区域配电间贴近负荷中心，降低线路损耗

E1-2
空间二次利用
技术深化

E1-2-1 机房环境与内部配电装置安装均要满足安全性、可维护性和可持续性的要求，利于持续发展

E1-2-2 机房设备搬运需考虑整个运输通道的承载条件，避免一次和二次运输对通道环境造成破坏

E2
能效控制

E2-1
优化控制策略
方案设计

E2-1-1 根据用电容量、用电设备特性、供电距离及当地电网现状选择适宜供

电电压等级，有利于减少电能损耗，保证供电质量及人身安全

E2-1-2 正确选择变压器类型、变压器台数及变压器容量，优化变压器运行策略，提高效率、节约能源

E2-1-3 提高供配电系统的功率因数，减少无功损耗

技术深化

E2-1-4 限制供配电系统电网谐波含量，净化供电电网质量

E2-1-5 综合提高供配电系统的功率因数、限制谐波含量，营造高品质用电环境

E2-1-6 约束配电导体截面，提高变电所配电回路的利用率

E2-2
电力驱动设备

技术深化

E2-2-1 采取有效的节能运行与控制模式管理垂直客梯，满足不同时间段内人流运载的需求，提高运载效率、最大限度地节约能源

E2-2-2 采取能源再生回馈技术，将运动中负载上的机械能（势能、动能）再生为电能，使能源得到有效的利用

E2-2-3 采取自动化控制手段管理大型公共场所的自动扶梯，使其达到经济合理的运维模式

E2-3
计量方案选择

方案设计

E2-3-1 当建筑物有总体计量要求时，计量装置应设置在电源进线的总端口

E2-3-2 当建筑物内有分类分项管理需求时，计量装置应按配电系统构架分类分项设置

E2-3-3 当建筑内有按部门独立核算或出租的场所时，计量装置既要满足区域总计量要求，同时又要满足分类分项要求

技术深化

E2-3-4 采用具有远传接口的功能性采集表具，且计量表具精度符合要求，以实现远端对数据的准确分析与决策管理

E2-3-5 计量表具安装要便于物业维护与管理，采集的数据应利于管理者总结与分析，使其不断优化和完善用电系统管理模式

E3
照明环境

E3-1
室内照明环境

方案设计

E3-1-1 选择健康的节能型光源，避免光源的色温及频闪对人眼造成伤害，提高照明质量与生活品质

E3-1-2 选择高效节能灯具及附件，注意光源投射方向，避免眩光干扰，提高配电效率，就地为灯具设置无功补偿装置

E3-1-3 正确选择场所内照度标准、限制照明功率密度值，满足照度水平，避免过度照明

E3-1-4 合理布置灯具，有效控制照明灯具的开启，融合利用自然光源和人工照明，达到节能控制的目的

技术深化

E3-1-5 定时对灯具进行维护管理，提高发光效率，保证正常工作与生活

E3-1-6 在日照时间段需要人工照明的区域，可采用光导管照明系统，有效利用自然光源，补充人工照明，做到节能环保

E3-2
室外照明环境

技术深化

E3-2-1 配置适宜于室外的高光效和低耗能光源，提高灯具效率的同时，可适宜引入太阳能路灯

E3-2-2 根据室外环境需求、确定照明水平和效果，通过智能控制方式对不同时间段路面照明及环境照明效果进行调节，利于节约能源

E3-2-3 城市夜景照明应利用截光型灯具等措施，确保无直射光射入空中，避免溢出建筑物范围以外的光线，限制光污染

E4
清洁能源

E4-1
光伏发电利用

策划规划

E4-1-1 光伏发电系统的发电量主要取决于系统安装地的太阳能资源，气象资料的采集是系统设计中的重要步骤

方案设计

E4-1-2 了解光伏发电系统构成形式，可帮助设计人员在设计中正确应用

E4-1-4 选择适宜的光伏发电系统的关键是要了解光伏组件的分类

技术深化

E4-1-3 了解当地电力基础建设水平，构建合适的光伏系统，充分保证电力资源与太阳能资源合理利用

E4-1-5 根据建筑外形及所需负荷容量，确定光伏组件的安装位置、类型、规格、数量及光伏方阵的面积

E4-1-6 光伏电池板的安装应因地制宜，既要与建筑外形相融合，又要利于发电效率最大化

E4-2
风力发电利用

策划规划

E4-2-1 民用建筑设计中，是否设置风力发电系统，应根据当地气象资料，确定其可行性

方案设计

E4-2-2 考虑风力发电特性，在民用建筑中的应用宜将其所转化的电能作为辅助能源使用

E5
节能产品

E5-1
新型材料应用

技术深化

E5-1-1 在规范允许的范围内和导体截面不受敷设空间限制的场所可优先采用铜铝复合型铝合金电缆

E5-1-2 根据配电导体敷设的场所，采

用管壁较薄、性能符合环境要求的管材，有利于节约用工用料，提高经济效益

E5-2
新型设备应用
技术深化

E5-2-1 合理选择新型节能变压器，利于减低设备自身损耗，节约电能，提高运行效率，实现设备空间的集约化

E5-2-2 采用带有智能模块单元的智能配电系统，将分散系统整合为统一管理平台，可节约空间、利于维护管理、提升系统运行效率

E5-2-3 采用模块化控制保护开关CPS，减少安装空间，简化内部接线，模块化结构便于维护

E5-2-4 采用强弱电一体化设计，实现对机电设备配电和控制的有效运维与管理

L
景观

L1
景观布局

L1-1
适应地域气候特征
策划规划

L1-1-1 严寒及寒冷地区宜布置植物密林，有利于降低户外风速、提升室外温度

L1-1-2 夏热冬冷地区应注重夏季防热遮阳、通风降温，冬季兼顾防寒

L1-1-3 夏热冬暖地区宜布置亭阁、廊架等遮阳避雨设施及冠大荫浓的乔木，有利于降低室外温度

L1-2
适应场地现状特征
策划规划

L1-2-1 场地现状为山地、丘陵等地貌特征，宜保护及顺应原有地貌，减少地表形态的破坏

L1-2-2 场地现状为河湖水系等特征，宜保护及利用原有水网肌理，减少对自然生境的破坏

L1-2-3 场地现状为工业棕地、矿山等废弃地特征，宜进行生态修复，恢复场地自然生态环境

L1-2-4 场地现状为历史遗迹、文化遗存等特征，宜进行保留与再利用，延续场地记忆，体现地域历史文化特色

L2
景观空间

L2-1
优化户外功能空间
方案设计

L2-1-1 对于公共建筑户外景观空间，宜通过完善各类公共服务设施，满足公众的多元化需求，提高服务质量

L2-1-2 对于住宅建筑户外景观空间，应着重考虑为老人、儿童等不同年龄段的群体提供理想的游憩及游戏活动场所

L2-1-3 户外景观空间，需着重考虑便捷性与安全性，保障公众的身心健康

L2-2
营造户外怡人空间
方案设计

L2-2-1 宜通过日照分析，将户外空间布置在光照充足的区域，以便提升户外活动舒适度

L2-2-2 宜通过风环境分析，避免将户外空间布置在风口处，以减少强风的影响

L2-2-3 宜通过水环境分析，合理布置户外空间，避免对水生态、水资源造成不利影响

L2-2-4 宜通过声环境分析，设置景观地形、景观构筑物、植物密林等围合户外空间，以减少外界的噪声污染

L3
景观材料

L3-1
优化植物材料
技术深化

L3-1-1 宜合理选用乡土植物，利于设计本土化

L3-1-2 宜选用抗污染植物，减少大气污染物，并科学合理搭配植物品种，形成具备自然演替能力的健康植物群落

L3-1-3 宜合理选用节约型植物，以减少后期养护费用

L3-2
优化低碳材料
技术深化

L3-2-1 宜合理选用乡土建材，利于设计本土化

L3-2-2 宜合理选用新型低碳环保材料，利于节能减排、绿色环保

L3-2-3 宜注重废弃材料、旧材料的再生与利用，利于节能低耗

L4
景观技术

L4-1
运用立体绿化技术
方案设计

L4-1-1 对于建筑屋顶平台，设置屋顶花园，利于节约能源，提升环境舒适度

L4-1-2 对于建筑及景观墙体，设置垂直绿化，利于增加绿量、改善小气候环境
技术深化

L4-1-3 合理选择立体绿化适用植物品种，并考虑南北差异，减少后期维护

L4-2
海绵为先灰绿统筹

技术深化

L4-2-1 合理运用透水铺装，渗排结合，滞蓄雨水

L4-2-2 在道路、广场旁宜合理设置生态植草沟，作为雨水的传输、下渗途径

L4-2-3 合理设置下凹式绿地，消纳场地雨水径流，自然下渗，回养土地

L4-2-4 合理设置雨水花园及生态湿地，净化水质，调蓄雨水

I
智能化专业

I1
优化控制策略

I1-1
机电设备监控

运营调试

I1-1-1 对暖通专业冷热源系统、空调通风系统设备的运行工况进行监测、控制、测量和记录，实现建筑降低能耗

I1-1-2 对给水排水、智能照明、建筑供配电、电梯、太阳能热水等系统进行监测、测量和记录，实现节能降耗

I1-1-3 对建筑内环境空气质量进行监测、测量和记录，并与通风空调系统联动控制，有利于提升空气质量

I1-2
建筑能耗优化

运营调试

I1-2-1 根据能源的使用类型、管理模式，合理规划能耗分项计量方案

I1-2-2 根据能源使用情况，合理规划节能策略及节能措施

I1-3
智能场景优化

方案设计

I1-3-1 智能场景模式的设置和优化，有助于快速实现功能应用，提高效率

I1-3-2 考虑智能化系统之间、各专业之间的场景联动，让绿色建筑更可期

I2
提升管理效率

I2-1
搭建基础智能化集成平台

方案设计

I2-1-1 根据建筑的特点，合理规划系统技术架构

I2-1-2 根据建筑的不同需求，合理适配不同功能模块，并保证未来可扩展

I2-1-3 统一制定系统软硬件具有可扩展性的数据传输协议，统一标准

I2-2
物业运维管理的提升

运营调试

I2-2-1 制定合理的物业运维管理策略

I2-2-2 应用人脸识别等技术使安防更可靠

I2-2-3 运用BIM、GIS 等先进技术使建筑内设备数据可视化

I2-2-4 应用虚拟现实、现实增强等新技术提高物业运维管理水平

I3
节约材料使用

I3-1
信息网络系统优化

方案设计

I3-1-1 根据建筑特点，合理规划网络系统及其架构

技术深化

I3-1-2 充分利用多种无线网络，节约布线材料

I3-2
综合布线系统优化

技术深化

I3-2-1 合理规划布线路径，减少线材使用

I3-2-2 提高光纤、低烟无卤线缆等环保管线材料的使用比例

I4
节约空间利用

I4-1
弱电机房空间利用

方案设计

I4-1-1 弱电机房选址应综合考虑建筑位置、围护结构等因素

I4-1-2 机房设备应选用节能、集成度高的产品，提升空间利用率，宜选用模块化产品

I4-2
弱电竖井空间利用

方案设计

I4-2-1 弱电竖井选址应综合建筑位置、楼层数量、设备数量合理规划

I4-2-2 弱电竖井应设置通风、空调设施，提升设备效率，延长设备寿命

参考文献

[1] 中华人民共和国住房和城乡建设部. 民用建筑绿色设计规：JGJ/T 229-2010 [S]. 中国建筑工业出版社，2010.

[2] 中华人民共和国住房和城乡建设部. 绿色建筑评价标准：GB/T 50378-2019 [S]. 中国建筑工业出版社，2019.

[3] 中华人民共和国住房和城乡建设部. 海绵城市建设评价标准：GB/T 51345–2018 [S]. 中国建筑工业出版社，2018.

[4] 中华人民共和国住房和城乡建设部. 装配式建筑技术标 [S]. 科学出版社，2018.

[5] 中华人民共和国住房和城乡建设部. 绿色保障性住房技术导则 [S/OL].（2013-12-31）. http://rs.China building.cn/2013315949100.html?1402131733.

[6] 中华人民共和国住房和城乡建设部. 民用建筑设计通则：GB 50352-2005 [S]. 中国建筑工业出版社，2005.

[7] 中华人民共和国住房和城乡建设部. 城市居住区规划设计标准 [S]. 中国建筑工业出版社，2018.

[8] 中华人民共和国住房和城乡建设部. 智能建筑设计标准：GB 50314-2015 [S]. 中国计划出版社，2015.

[9] 中国勘察设计协会建筑电气工程设计分会. 中国建筑电气与智能化节能发展报告：GB/T 7714 [S]. 中国建筑工业出版社，2015.

[10] 中煤科工重庆设计研究院（集团）有限公司. 重庆市公共建筑节能（绿色建筑）设计标准：DBT 50-052-2020 [S]. 2020.

[11] 海南省建设厅. 海南省居住建筑节能设计标准 [S]. 2005.

[12] 肖笃宁. 景观生态学（第二版）[M]. 北京：科学出版社，2020.

[13] 杜炜. 绿色建筑认定标准及审查要点研究 [M]. 前沿科学出版社，2019.

[14] 中国建筑学会. 建筑设计资料集（新版）[M]. 北京：中国建筑工业出版社，2017.

[15] 刘志鸿. 乘势而为，推动建筑业高质量绿色发展 [J]. 建筑技艺，2019（10）：6-7.

[16] 宋琪，杨柳. 试论建筑低碳化的内涵及其实现的根本途径 [J]. 城市建筑，2014（02）：220.

[17] 刘东卫，魏红，刘志伟. 新型住宅工业化背景下建筑内装填充体研发与设计建造研究 [J]. 中国勘察设计，2014（09）：44-51.

[18] 庄延革，孙元浜，张阳，等. 海绵城市建设中水文地质调查工作的重要性及其调查内容 [J]. 吉林地质，2020，39（01）：84-86.

[19] 国务院办公厅. 国务院办公厅关于推进海绵城市建设的指导意见 [J]. 建筑设计管理，2015，32（11）：40-41.

[20] 赵青，胡玉敏，陈玲，等. 景观生态学原理与生物多样性保护 [J]. 金华职业技术学院学报，2004（02）：39-44.

[21] 高东，何霞红. 生物多样性与生态系统稳定性研究进展 [J]. 生态学杂志，2010，29（12）：2507-2513.

[22] 熊海，刘彬. 场地微气候综合分析方法 [J]. 重庆建筑，2015，14（11）：13-15.

[23] 牛季平. 绿色建筑与城市生态环境 [J]. 工业建筑，2009，39（12）：127-129.

[24] 吴云一. 建筑设计中的自然本源 [J]. 南方建筑，2002（02）：51-55.

[25] 靳秀花. 总图规划在建筑设计中的作用 [J]. 陶瓷，2020（08）：120-121.

[26] 何泉，王文超，刘加平，等. 基于Climate Consultant的拉萨传统民居气候适应性分析 [J]. 建筑科学，2017，33（04）：94-100.

[27] 周静敏，陈静雯，伍曼. 装配式内装工业化系统在既有住宅改造中的应用与实验：设计篇 [J]. 建筑学报，2020（05）：38-43.

[28] 桂玲玲，张少凡. 地道风在建筑通风空调中的利用研究 [J]. 广州大学学报（自然科学版），2010，9（05）：67-72.

[29] 高振. 景观环境与视线对建筑形态塑造的设计手法探析 [J]. 城市建设理论研究，2017（25）：72.

[30] 邵国新，张源. 建筑自然采光方式探讨 [J]. 节能，2010，29（06）：32-35+2.

[31] 安晶晶，燕达，周欣，等. 机械通风与自然通风对办公建筑室内环境营造差异性的模拟分析 [J]. 建筑科学，2015，31（10）：124-133.

[32] 杨建荣，方舟. 简析2019版《绿色建筑评价标准》节能要求 [J]. 建设科技，2019（20）：51-53.

[33] 何水清，毛希元，何川. 浅议天然采光与建筑面积节能设计实践 [J]. 太阳能，2013（11）：55-59.

[34] 陈灿文，程军，胡芬飞. 蓄热材料概述及其应用 [J]. 广州化工，2011，39（14）：15-17.

[35] 陈吉涛，徐悟龙. 屋面用热反射涂料性能研究 [J]. 中国建筑防水，2011（22）：26-30.

[36] 聂建国. 我国结构工程的未来——高性能结构工程 [J]. 土木工程学报，2016，49（09）：1-8.

［37］陈以一，贺修樟，柯珂，等. 可更换损伤元结构的特征与关键技术［J］. 建筑结构学报，2016，37（02）：1-10.

［38］顾明，张正维，全涌. 降低超高层建筑横风向响应气动措施研究进展［J］. 同济大学学报（自然科学版），2013，41（03）：317-323.

［39］刘汉龙. 绿色地基处理技术探讨［J］. 土木工程学报，2018，51（07）：121-128.

［40］贺思维，曲哲，周惠蒙，等. 非结构构件抗震性能试验方法综述［J］. 土木工程学报，2017，50（09）：16-27.

［41］国家外贸部. 我国城市居民能源消费现状［J］. 能源工程，2002（1）：48.

［42］薛志锋. 商业建筑节能技术与市场分析［J］. 清华同方技术通讯，2000（3）：70-71.

［43］郑瑞澄. 太阳能建筑应用发展方向和对策［J］. 建设科技，2006（23）：54-58.

［44］吴桂炎，陈观生. 热泵回收炉灶排气余热的实验研究［J］. 机电工程技术，2004（7）：91-91.

［45］李荻. 利用工业余热解决城市供暖瓶颈［J］. 城市建设理论研究，2013（09）：804.

［46］付婉霞，刘剑琼，王玉明. 建筑给水系统超压出流现状及防治对策［J］. 给水排水，2002（10）：48-51.

［47］赵锂，刘振印，傅文华，等. 热水供应系统水质问题的探讨［J］. 给水排水，2011（7）：55-61.

［48］金听祥，张彩荣. 冷凝水在家用空调中回收利用技术的研究进展［J］. 低温与超导，2016（1）：41-45.

［49］杨尚宝. 关于我国海水淡化产业发展的几点看法［J］. 水处理技术，2016（10）：1-3.

［50］邢秀强. 海水冲厕技术存在的问题及解决措施［J］. 中国给水排水，2007，25（10）：5-8.

［51］尹晓峰，韩志强，陈现明，等. 煤矿矿井废水处理回用工程实例［J］. 舰船防化，2009（02）：48-51.

［52］全国民用建筑工程技术措施——暖通空调动力（节能专篇）.

［53］杨石，顾中煊，罗淑湘，等. 我国燃气锅炉烟气余热回收技术［J］. 建筑技术，2014，45（11）：976-980.

［54］沈列丞，张智力. 基于建筑设计日负荷分析对冰蓄冷系统适用性的探讨［J］. 暖通空调，2005，35（6）：122-124.

［55］狄育慧，刘加平，黄翔. 蒸发冷却空调应用的气候适应性区域划分［J］. 暖通空调，2010，40（2）：108-111.

［56］江亿，谢晓云，于向阳. 间接蒸发冷却技术——中国西北地区可再生干空气资源的高效应用［J］. 暖通空调，2009，39（9）：1-4+57.

［57］ ZhengyanZhang, BoWang. Research on the life-cycle CO_2 emission of China's construction sector[J]. Energy and Buildings, 2016.

［58］ Zhixing Luo, Liu Yang, Jiaping Liu. Embodied carbon emissions of office building：A case study of China's 78 office buildings[J]. Building and Environment, 2015.

［59］ Vincent J. L. Gan;C. M. Chan, K. T. Tse, Irene M. C. Lo, et al. A comparative analysis of embodied carbon in high-rise buildings regarding different design parameters[J]. Journal of Cleaner Production, 2017.

［60］ Vincent J. L. Gan, Jack C. P. Cheng, Irene M. C. Lo, et al. Developing a CO_2-e accounting method for quantification and analysis of embodied carbon in high-rise buildings[J]. Journal of Cleaner Production, 2017.

［61］齐贺年. 水环热泵系统研究分析［D］. 西安：西安建筑科技大学，1997.

［62］潘东来. 城市轨道交通枢纽交通衔接研究［D］. 武汉：华中科技大学，2005.

［63］王子河. 坡屋面设计语汇及其当代表达［D］. 长春：吉林建筑大学，2017.

［64］苑征. 北京部分绿地群落温湿度状况及对人体舒适度影响［D］. 北京：北京林业大学，2011.

［65］麦华. 基于整体观的当代岭南建筑气候适应性创作策略研究［D］. 广州：华南理工大学，2016.

［66］杨思宇. "多首层"式综合体建筑空间城市性设计研究［D］. 北京：北京建筑大学，2018.

［67］董家丽. 云南地区气象条件对典型城市空气质量的影响研究［D］. 昆明：云南大学，2019.

［68］邱亦锦. 地域建筑形态特征研究［D］. 大连：大连理工大学，2006.

［69］住房与城乡建设部. 民用建筑供暖通风与空气调节设计规范：GB50736-2012-gb50736-2012［S］. 2012.

［70］盛利. 鲁中地区绿色农房建设模式研究［D］. 济南：山东大学，2014.

［71］陆帅. 配式混凝土住宅建筑全寿命期设计研究［D］. 南京：东南大学，2019.

［72］冯林东. 适宜夏热冬暖地区的建筑遮阳技术研究［D］. 西安：西安建筑科技大学，2008.

［73］申瑞.电梯能量回馈技术及应用［D］. 上海：上海师范大学，2010.

［74］陈俊. 建筑电气节能技术在实际工程设计中的应用研究［D］. 学术论文联合比对库，2018.

［75］英国政府能源白皮书. 我们能源的未来：创建低碳经济［R］. 2013.

后 记

　　中国建设科技集团于2018年底设立了近年来最重要的科技创新基金项目之一，开展了"新时代高质量绿色建筑设计导则"的课题研究，也奠定了这本书的理论基础。该课题由崔愷院士任首席科学家，集团孙英总裁引领，集团所属企业派出各专业的众多专家共同组成，历时一年多于2019年12月24日结题完成，可谓重视非凡，也看出了集团在响应国家导向，发挥集团设计优势，为行业绿色建筑更好发展的坚定决心。我本人也有幸作为课题负责人与各位专家一同整理资料、梳理框架、调研学习、完善内容，大家在完成平日紧张的设计项目的同时还能投入如此的精力，过程确实艰辛，结果还是颇有收获。又经过2020年这一年来的图示绘制、案例研究、版式编排与校对的工作，终于得以出版，虽受疫情影响，也反映了大家的认真与对品质的追求。

　　整个过程时间很紧，更多是源自大家多年来的积累，对绿色的理解与感悟。我自己也是收获很多，近年来的绿色研究与实践终于能系统性地收束，心情还是激动不已。一个课题、一本图书的生成过程也让整个集团众多企业、众多专家形成一致的绿色共识，一起迈步一起向前。

　　回想起来，确实感触良多。感谢崔愷院士精准的方向指引与细心的梳理，让这本导则有望站上时代的前沿，助力行业的发展。感谢集团修龙董事长、文兵董事长的高度重视，孙英总裁的大力支持与细心引领，集团科技质量部陈志萍的全力参与与帮助，让导则的理念不断完善，让如此多的专业专家有序推进，导则顺利出版。感谢集团郁银全大师、李兴钢大师、汪恒总建筑师、刘东卫总建筑师、樊菲总、陈永总等专家反复的评议与审核，让方向更正确，成果更准确。感谢一同编写的同仁们，大家在探讨中形成共识，分工合作，虽偶尔也有不同理解，却能明大义、求大同，在反复地磨合中顺利推进，终有好的成果。

　　过程中与集团外专家的广泛交流也收获不少。这里由衷地感谢新加坡CPG陈绍彦先生，日本建筑学会会长、CASBEE创始人村上周三先生，绿色建筑的前辈林宪德先生，您们的分享让我们受益匪浅。过程中也与众多专家们多次交流，从华南理工大学建筑设计研究院倪阳大师、东南大学韩冬青院长、清华大学张悦书记和宋晔皓教授、天津大学刘丛红教授等众多专家那里学到了不少新的理念与知识，在这里真心地表达谢意。也感谢清华大学宋修教同学的鼎立加盟。

　　本书推进过程中有大量的图示和案例分析需要重新绘制，既要精准也要提炼，还要找寻合适的案例资料，表达精美，实是不易，这里感谢群岛工作室的鼎立支持，整体编排、精心绘制。感谢副主编徐风的全程策划，带领着制作团队冲锋克难，攻下一个个的小堡垒。感谢提供案例、观点的中国院本土设计研究中心、李兴钢工作室、一合建筑设计研究中心、绿色建筑设计研究院、城镇规划设计研究院、国家住宅工程中心、建筑文化传播中心，集团内标准院、华森公司、中森公司等众多团队同仁。感谢中国建筑工业出版社徐冉副主任与黄习习编辑的出版建议与不辞疲倦的反复编排。

　　一个阶段的结束又是另一个新的开始，我们的绿色之路还有很长要走，后续还有很多要做，如信息化查询平台的建设，优秀项目案例的再收集，评估体系的不断完善、项目实践的有益尝试等，这将是一个开放体系，一个大家共同参与的平台，也希望与行业专家们广泛地交流，导则的内容能不断地更新与补充。

　　愿这本书今后的应用与拓展能够汇众人之力，博众家所长，为环境助力，伴行业发展！

刘恒

2020年12月于北京

《绿色建筑设计导则》编写组致谢专家名单

李兴钢　郁银泉　汪　恒　刘东卫　樊　绯　陈　永　陈绍彦

村上周三　林宪德　倪　阳　韩冬青　张　悦　宋晔皓　刘丛红

李　宏　郝　军　刘　鹏　孙金颖　徐　磊　于海为　柴培根

吴朝晖　景　泉　郭海鞍　娄　霓　郑旭航　李　季　赵文斌

张　伟　练贤荣　徐　丹　许文潇　贾宗梁　路　璐　王洪涛

孙朴诚　姚比正　黄伟伟　陈　媛　许　强　董俐言　张　鹏

陈玲玲　刁玉红　贺成浩　朱　敏　闫　伟　廖　璇　秦　蕾

辛梦瑶　黄晓飞　李　骜　龚一丹　洪蕰璐　宫　庆

项目 全国青少年科技创新基地科研示范中心　　摄影 张广源

审图号：GS（2021）2213号

图书在版编目（CIP）数据

绿色建筑设计导则 = GREEN ARCHITECTURE DESIGN
GUIDELINES. 结构/机电/景观专业 / 中国建设科技集团
编著；任庆英等主编. — 北京：中国建筑工业出版社，
2021.2（2021.6重印）
（新时代高质量发展绿色城乡建设技术丛书）
ISBN 978-7-112-25463-7

Ⅰ. ①绿… Ⅱ. ①中… ②任… Ⅲ. ①生态建筑–建
筑设计 Ⅳ. ①TU2

中国版本图书馆CIP数据核字（2020）第177934号

责任编辑：徐　冉
文字编辑：黄习习
特约编辑：群岛 ARCHIPELAGO
平面设计：黄晓飞
插图概念：黄剑钊　陈丽爽　廖　璇　闫　伟
插图绘制：李　鹜　龚一丹　宫　庆　洪蕴璐
责任校对：张　颖

新时代高质量发展绿色城乡建设技术丛书
绿色建筑设计导则
GREEN ARCHITECTURE DESIGN GUIDELINES
结构/机电/景观专业
中国建设科技集团　编著
任庆英　赵　锂　潘云钢　陈　琪　史丽秀　王　载
朱跃云　胡建丽　张　青　张月珍　颜玉璞　　主编

*

中国建筑工业出版社出版、发行（北京海淀三里河路9号）
各地新华书店、建筑书店经销
北京锋尚制版有限公司制版
天津图文方嘉印刷有限公司印刷

*

开本：787毫米×1092毫米　1/16　印张：15½　字数：363千字
2021年5月第一版　　2021年6月第二次印刷
定价：**169.00**元
ISBN 978-7-112-25463-7
（36451）